ちくま新書

大人の恐竜図鑑

北村雄一
Kitamura Yuichi

1315

大人の恐竜図鑑【目次】

第 1 章

恐竜とは何か？

†恐竜時代は白亜紀、ジュラ紀、三畳紀

恐竜とはなんだろうか？　この問いの答えはメガロサウルスとイグアノドンが握っている。最初に発見報告された恐竜がメガロサウルスであり、次がイグアノドンだ。だからこの二つの動物を含むグループが恐竜なのだと理解すれば良い。メガロサウルスはジュラ紀の肉食恐竜で尻尾を含めた全長は8メートルぐらいだった。イグアノドンは白亜紀の植物食恐竜で、尻尾を含めた全長7メートルぐらいである。

メガロサウルスは肉食恐竜で、その祖先をさかのぼると2本足で歩き回る小さな動物に行き着く。一方、植物食動物であるイグアノドンの祖先をさかのぼると、これも2本足で歩き回る小さな動物に行き着く。どちらの祖先も、いた時代は三畳紀。どうやら恐竜は、三畳紀にいた小さな2本足の動物から進化したようなのだ。さらに恐竜の祖先は雑食であったらしい。そこから肉食種と植物食種が進化して、さらにそれぞれ巨大化したというわけだ。恐竜のこうした進化を身近な動物でたとえるのなら、小さなキツネを祖先として、巨大なライオンとシマウマがそれぞれ進化したようなものである。そしてこの進化にかかった時間はだいたい5000万から1億年だった。

ちなみに白亜紀、ジュラ紀、三畳紀という言葉が出てきたが、これをちょっと説明しよう。恐竜の化石は地層から見つかる。地層は典型的には水底に土砂が積もることでできる。積もる土砂は時代によっても季節によっても日によっても違う。ある時は砂であり、ある時は粘土だ。こうした土砂の違いが層になる。だから地層だ。地層を知ることは土木工事において重要だ。悪い地層を掘れば崩落、陥没といった事故が起こることはよく知られていよう。

この地層の有様を知る手がかりになるのが化石である。なぜなら、地層によってそこに含まれる化石の種類が決まっているからだ。化石を調べれば地層が分かるし、化石研究とは土木工事の基礎である。

さて、地層は土砂が堆積したものだ。すると原則的には下が古くて、上が新しいことになる。つまり化石に基づいて把握した地層を、今度は年代別に把握することが可能になる。こうして把握された時代が白亜紀、ジュラ紀、三畳紀である。一番古い時代が三畳紀だ。次がジュラ紀、そして白亜紀である。これらの時代は地層に含まれる化石、ひいては当時栄えた古生物によって特徴づけられる。

例えば2億5200万年前に始まる三畳紀は爬虫類が地上の覇者となった時代であり、まずワニが栄えた時代だ。恐竜は当初、小さな動物で目立たなかったが。やがて大型化を始め、ワニたちの地位を脅かし、ついにはワニに取って代わった。つまり三畳紀は恐竜時代の始まりだ。

続くジュラ紀は恐竜が大型化を極めた時代である。ブラキオサウルスやアパトサウルスが登場し、アロサウルスやメガロサウルスのような巨大肉食恐竜が栄えた。ジュラ紀は恐竜から鳥が進化した時代でもあった。次の白亜紀はイグアノドンの仲間が栄え、ティラノサウルスが現れた時代だ。そしてこの白亜紀の終わり6500万年前に巨大隕石が地球にぶつかり、恐竜は鳥を残して滅びさるのである。恐竜時代は、ほぼ2億年の長きに及ぶ。

これが恐竜とその歴史のあらましだ。ただ世間一般の人が抱いている恐竜とはこういうものではないだろう。一般的に恐竜というと巨大な翼で大空を飛行するプテラノドンのごとき翼竜、あるいは大海原を泳ぐイクチオサウルスのような魚竜、長い首を持って魚を追うフタバスズキリュウのような首長竜、さらにはウナギのごとき異形の巨体をひるがえすモササウルスを思い浮かべるだろう。だが厳密に言うと、これらの爬虫類は恐竜ではない。この中で恐竜に一番近いのは翼竜で、足の作りがそっくりだ。しかし翼竜は恐竜そのものではない。

魚竜はどうかというと、これは骨格が特殊化しすぎていて、立ち位置が今ひとつはっきりしない。しかし、魚竜が恐竜でないことは確かだ。そして首長竜はトカゲに近い爬虫類で、モササウルスはトカゲそのものである。

このように翼竜、魚竜、首長竜、モササウルスは恐竜ではない。しかし世間一般的には恐竜扱いであるし、恐竜と共に栄えた大爬虫類たちである。科学的には恐竜ではないが、認識論的には恐竜なのだと言えばよいか。そこでこの本ではこれらの爬虫類も紹介することにした。実際、翼竜、魚竜、首長竜、モササウルスたちが載っていない恐竜の本など、科学的には正しくても、認識論的にはインチキも良いところだろう。サウロスクスのようなワニ、キノグナトスのような哺乳類の仲間も登場するが、これも同じ理由だ。

†牙をむき出しよだれダラダラの復元図

さて、恐竜以外の話はここで一区切りして、恐竜そのものの話へ戻ることにしよう。最初に見つかった恐竜メガロサウルスとイグアノドンは、どちらも19世紀のイギリスで発見された。これらが巨大な爬虫類であると分かると、当時それは大変な話題となった。今の地球は賢い哺乳類が支配しているが、太古の地球は下等で愚かな爬虫類が王者だった。爬虫類は寒さが嫌いだから、当時の地球は暑い惑星だったのだろう。広がるジャングルを巨大爬虫類が支配する原始の世界、まあだいたいこんな驚きである。

しかも当時はキリスト教の影響が非常に強かった。だから恐竜は悪魔そのもの、実在のドラゴンのような扱いを受けることになったが、こうした世界観は今でも強く残っている。例えば欧米で特に顕著であるが、恐竜の復元図というと、口は牙をむき出し、鱗《うろこ》は過剰に刺々しく、おまけに無駄によだれを垂らしている。あきれるほどに中世絵巻に登場するドラゴンそのままだが、こういう復元はほぼ確実に間違いである。

まず牙をむき出しにした爬虫類は、水中生活をするワニぐらいのものだ。爬虫類でも哺乳類でも唇があって歯を隠す。そもそも唇がなく歯がむき出しでは唾液が垂れ流しだ。例えば人間は1日に1・5リットルの唾液を流すが、これが全部垂れ流しだと1日の水分補給量である1リットルを上回る。つまり脱水状態に陥るのである。歯がずらりとむき出しの動物がこの地上で例外的なのは当然だ。確かにワニやガンジスカワイルカのような動物はむき出しの歯を持っているが、それは彼らが水中生活者で脱水の危険がないからだろう。

さらにコモドオオトカゲの頭骨を見てみよう。大きな鋭い歯がずらりと並ぶ恐ろしげな姿だ。これを恐竜復元図のように描くと、刺々《とげとげ》しい鱗で覆われ、歯をむき出しにしたドラゴンになるだろう。だが現物のコモドオオトカゲはどうかというと、表情はしれっとしており、目はむしろつぶらだし、分厚い唇で歯が隠れており、口を開けてもその歯を見るのは難しい。

だからこの本では肉食恐竜でも口を閉じれば牙が見えないように描いている。過剰な装飾もない。もちろんこれに不満のある人もいるだろう。そうした人から見れば、恐竜の牙を唇で隠すというのは戦艦の主砲をミサイルに置き換えて収納し、イージス艦に変えてしまうような無

例えばティラノ
サウルスの復元は
骨のかっこよさが
優先される
下は同じく骨の
かっこよさを優先した
オオトカゲの復元図

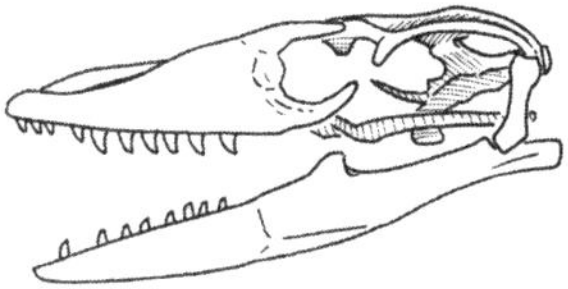

右は頭骨と実際のオオトカゲ
同じようにティラノ
サウルスを復元すると
下のようになる

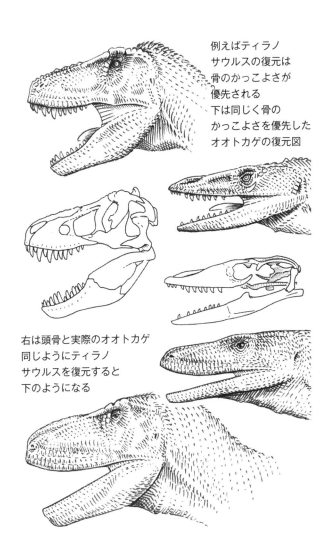

粋に違いない。しかしどっちを取るべきであるのかは、オオトカゲなどを見れば明らかである。

✝恐竜の羽毛問題

さて、恐竜の復元に関してはもうひとつ重要な点がある。それは彼らが羽毛を持っていたということだ。話をさかのぼると1980年代、鳥は肉食恐竜から進化したことが当時明らかとなったので、一部の研究者は、恐竜は羽毛を持っていたと考えるようになった。この考えは当初、かなり怪しげな仮説で強引な点が多かったのだが、90年代に入ると証拠が見つかった。羽毛を持つ恐竜の化石が続々と発見されたのである。2000年以後になると鳥に近い肉食恐竜が羽毛を持つことはまず確実であることが分かった。そして2014年、クリンダドロメウスという新種の恐竜が報告される。これはイグアノドンの親戚である植物食恐竜で、この化石には羽毛の痕跡が残っていたのである。これをもって、すべての恐竜が羽毛を持っていたことはほぼ確実となった。その理屈は単純だ。

・羽毛を持つクリンダドロメウスはイグアノドンの親戚だ。
・羽毛を持つ鳥は肉食恐竜から進化したのだからメガロサウルスの親戚だ。
・羽毛を持つクリンダドロメウスと鳥の祖先をさかのぼれば、当然、イグアノドンの祖先とメガロサウルスの祖先に行き着く。

・それはすべての恐竜を生み出したご先祖様である。
・つまりすべての恐竜を生み出したご先祖様も羽毛を持っていたのだろう。
・羽毛を持っていたご先祖様から進化したのだから、恐竜全部が羽毛を持っているはずだ。

こういう理屈である。この理屈は、筋は通っているが結論はなかなかにやっかいである。個人的にはいつかこんな日が来るのではないかと恐れていたが、本当に来てしまったか、という感じだ。なぜか？　それはすべての恐竜が羽毛を持つという現実は、恐竜復元においてかなり頭の痛い話だからだ。

それは身近な動物を見れば分かる。例えばネコには毛のない品種がいる。それはネコとは違う、なんか変な動物に見える。毛のないニワトリもいるがこれも同様だ。

だがしかし、骨と比較すると毛のないネコや羽毛のないニワトリ、彼らこそがネコやニワトリ、本来の肉体なのだと分かる。毛のないネコのひしゃげたギョロ目の顔は、むしろネコの頭蓋骨の形をよく反映している。私たちが見慣れた、丸い愛くるしいネコの姿は、毛がかぶさった結果なのだ。ニワトリの姿もまた同様だ。

さて、恐竜は原則的に骨しか残っていない。骨から復元して筋肉と皮膚をつけた恐竜の姿は、正確には違いない。しかしこれは、実のところ毛のないネコ、羽毛のないニワトリ状態なのである。この上に毛や羽毛をつけたらどうなるか？　当然、骨から復元した姿からまるで違う外見になってしまうだろう。つまり骨からいくら正確に復元しても、それは実際の恐竜とまるで違う姿だということになってしまう。すべての恐竜が羽毛を持つ、という科学的推論は、こういう恐ろしい結論をイラストレーターに突きつけるのだ。

†恐竜の飾り羽

絵を描く上で頭の痛いこの問題を、この本では次のように対応している。まず第一に、多くの恐竜は羽毛を持っていても外見はあまり変わらないんじゃないか？ という楽観論である。これには一応、根拠がある。恐竜は小さな祖先から進化した結果、かなり大きな動物になった。そして大型動物は体毛が短いか、あるいは二次的に失うことすらある。

体が大きくなると体内に熱がこもる。こもった体温を逃がすには、体毛は短いか、あるいはない方が良いからだ。実際、ウマは体が体毛で覆われているが、外見は骨から復元した姿とさほど変わらない。これと同様、小型恐竜はともかくとして、恐竜の多くは羽毛があっても骨から再現した姿とさほど変わらなかっただろう。

さらにアパトサウルスやメガロサウルス、ティラノサウルスのような大型種ともなれば、少なくとも成長すると体毛を失ったか、あるいは目立たなくなっただろう。それは現在の大型動物であるゾウを見れば分かることだ。

バッカー博士が1975年に
考えた飾り羽つきシンタルスス
これは長く無批判にパクられ続けた
恐竜や古生物の絵はパクりが多い
なお実際には飾り羽は見つかっておらず
そもそもこういう飾り羽を初期の恐竜が
持っていたか怪しい

そして第二に、あまり奇抜な復元をするわけにはいかないという、現実問題がある。ちょっと具体例を上げよう。これを書いている私が子供だった１９８０年代、当時の本に描かれたシンタルススという肉食恐竜の絵は、これだけがどういうわけか体に羽毛が生え、しかもどの絵を見ても後頭部に飾り羽がついていた。ところが、近縁種であるコエロフィシスは鱗で覆われたトカゲ的な姿で描かれているのである。

　このちぐはぐさは、バッカー博士という研究者が、羽毛のついたシンタルススを描いたことに由来する。バッカー博士は70〜80年代に恐竜が羽毛を持っていたと唱えた人だ。根拠はかなりずさんと言ってよく、強引な解釈が多い人だが、同時に魅力的な仮説を提案し、魅力的な絵を描く人でもあった。そのバッカー博士の監修のもと、羽毛を持っていたとしたらこんな姿だっただろうと描かれたのが、飾り羽のついたシンタルススの絵だった。それが幾人ものイラストレーターによって延々とコピーされたのである。

科学者の復元だったからそれに従ったのか、あるいは考えなしにただまねた結果なのか。少なくともここから言えることは、奇抜な復元をすると、イラストレーターの世界ではそれがまるで事実のようにまかり通ってしまうということである。これはちょっと困りものだろう。

そこでこの本では、恐竜を羽毛で個性的に飾り立てるということはしていない。この本の復元図で大きな目立つ羽毛を描いていたら、それは実際に見つかったか、なにか根拠がある場合に限る。

ちなみに恐竜など古生物のイラストを描くのは意外と面倒くさい仕事なので、実はパクりが多い。そして今時の人はネットでパクり元を探すから、絶版した本などからパクれば、これが逆にばれにくい。そういうわけで今やパクり放題。こんな状態で無駄に個性的な復元図を描いたら、それはシンタルススのような問題を引き起こすだろう。だからよく見ると羽毛で体を覆われていると分かる程度、そんな恐竜復元が一番現実的で、なおかつ一番当たりさわりがないであろう。

†ティラノサウルス愛

羽毛の話が出たついでに、ここでティラノサウルスの話をしよう。これはティラノサウルスだけの問題ではなく、恐竜学に触れた一般人全員が直面する問題でもあるから。

人間は子供時代に慣れ親しんだ相手の姿を生涯愛するものだ。例えば私の子供時代、ティラノサウルスはゴジラのように上半身を起こして尻尾を引きずる姿であった。これを愛する人もいる。

80年代以降になると背中を水平にして、上半身と尻尾でバランスを取って歩く復元になった。科学的にはこれが正しいが、まだ羽毛は持っていない。この復元を愛する人もいる。

こうした人たちの中には羽毛を持つティラノサウルスの復元を毛嫌いする者もいる。中には羽毛をはやしたティラノサウルスはガセネタだ、これは捏造だと叫ぶ人もいる。だが残念ながらティラノサウルスも羽毛を持っていたのだ。その根拠はすでに見た通りだし、ティラノサウルスの仲間で、羽毛が残った化石種も見つかっている。

しかしこう言っても次のように反論する人がいるだろう。ティラノサウルスそのものから羽毛は見つかっていないじゃないか！　しかしこの理屈で言うと、見つかっていない部位を描いてはいけないことになる。さて、ティラノサウルスの筋肉は見つかっていない。皮膚はかけらだけだ。だとするとティラノサウルスは骨しか描けないことになるだろう。ティラノサウルスなどはまだ良い方で、恐竜の中には皮膚や筋肉どころか、骨のかなりの部分が見つかっていないものがある。これを描いてはならぬというのなら、頭とか腰とかをモザイクで隠さねばいけないのだろうか？　股間が分からん恐竜もいるが、この場合は股間をモザイクで隠さねばならぬのか？　これはとんだ破廉恥である。

見つかっていないものでも、証拠から推論できれば描くことができる。ティラノサウルスの眼球は見つかっていないが、骨の特徴から彼らは爬虫類であり、爬虫類ならこの部位に眼球が入る、そう推論できるからしかるべき場所に眼球を描けるのだ。かように、直接証拠がないから駄目だと杓子定規に却下するのはよろしくないこと明白である。

それにしても、直接証拠以外受け付けない！　なぜこんな無理筋な主張をしてしまう人が現れるのか？　それはすでに述べたように愛するがゆえだ。もちろん彼の愛情は子供の頃に見た格好いい恐竜という、一目惚れでしかないのだが、愛ゆえにこの迷い、なかなかにやっかいなのである。例えばティラノサウルスは走れない。こう言うと血相変えて激怒する人間がごろごろ出てくるのだが、これもまた愛ゆえの迷いである。彼らは子供の頃に猛烈な速度で襲いかかってくる映画のティラノサウルスに恋をして、現実を見ていない。いや、あるいは現実の恐ろしさを理解していないと言うべきだろうか？

†ティラノサウルスは走れない

ティラノサウルスの最高速度は推定で時速10〜13キロぐらいと見積もられている。こう聞くと怒ったりがっかりしたりと人は忙しいものだが、実はこの速度、恐ろしい速さなのだ。なぜかというとこれは人間の走る速度よりずっと速いからだ。人の走る速度などせいぜい9キロにすぎない。そんな馬鹿な、人間は100メートルを10秒で走れる、ほぼ時速40キロじゃないか、そういう反論が聞こえてきそうだが、そんなもの100メートルの短距離でしかない。ご自慢の健脚を使って100メートル全力疾走してどうするというのだろう？　ぜーぜー倒れているところにティラノサウルスはすたすたやってくる。そうして、この見慣れぬ動物は食えるのか？　と怪訝そうに匂いをかぐだけだ。

さて、ティラノサウルスが走れないにもかかわらず恐るべき速度ですたすた移動できるのは、体が巨大だからである。大型の12メートル級だと、足の長さ3・5メートル、歩幅は一歩が4メートル。こんな歩幅でちょっと足を速めたら、それだけでも時速10キロを容易に越えてくる。巨大動物はなめてかかれるようなものではない。

インドゾウはティラノサウルスよりも小さな動物だが、それでも走れない。だが、大きな歩幅ですったすったと機敏に動くその動作は、走ると形容するのに十分だ。これを走ると呼ばな

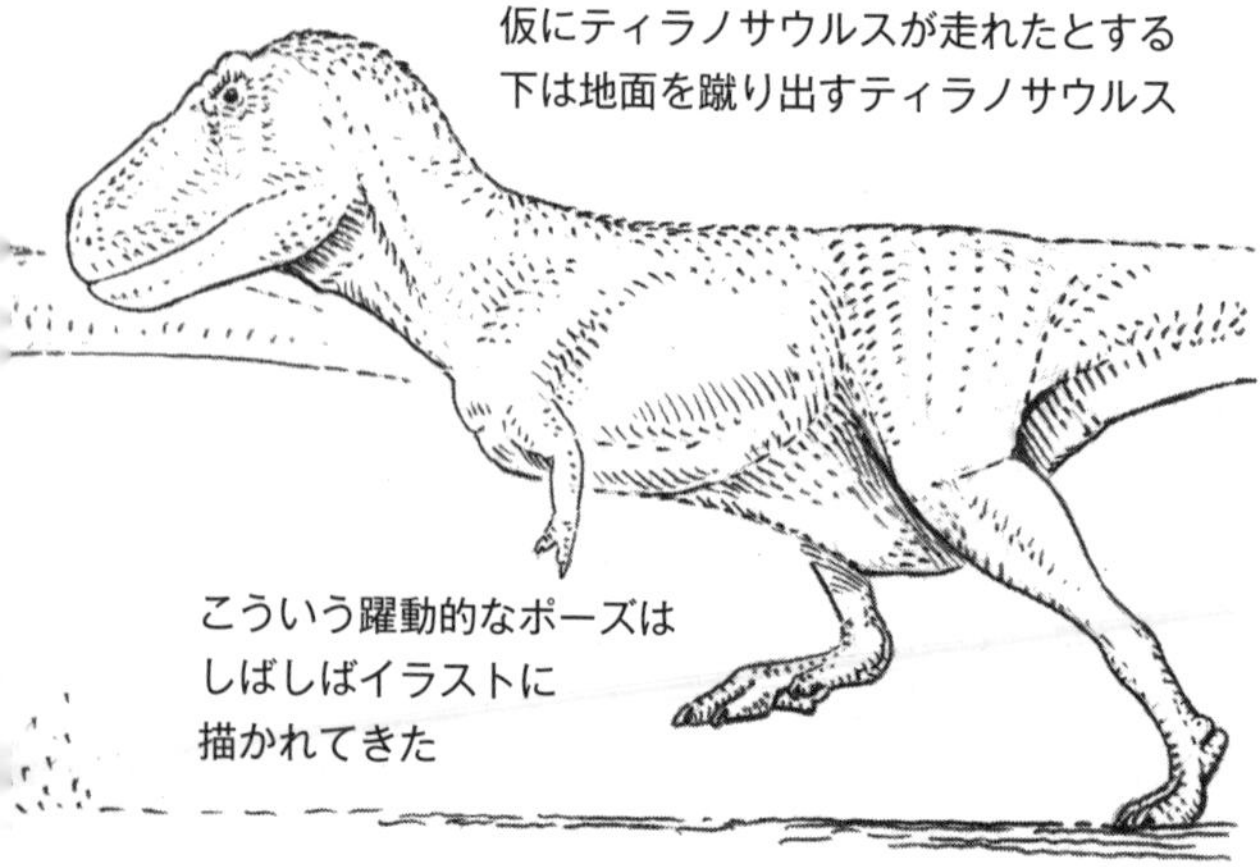

仮にティラノサウルスが走れたとする
下は地面を蹴り出すティラノサウルス
こういう躍動的なポーズは
しばしばイラストに
描かれてきた

いのは、単に、走るという運動に本来あるべき動作、すべての足が地面から離れる瞬間、それがないからにすぎない。そしてあの動きを見ればゾウが恐ろしい動物であること、その気になれば人間を追いつめて容易に仕留めることがよく分かる。ティラノサウルスもこれと同様なら、時速12キロと聞いて幻滅することがおかしいのだ。ゾウの運動性能を持ち、それに匹敵する巨大肉食獣など、文字通りの化け物である。

それにしてもなぜ巨大動物は走れないのか？これは単純に筋肉の力が断面積に比例するのに対して、体重が体積に比例するせいだ。つまり、体が2倍になると力は2×2で4倍になるが、体重は2×2×2で8倍も増えてしまう。8倍の重さを4倍の力で動かす。つまり体重を動かす筋肉の力が半減してしまうのである。もちろ

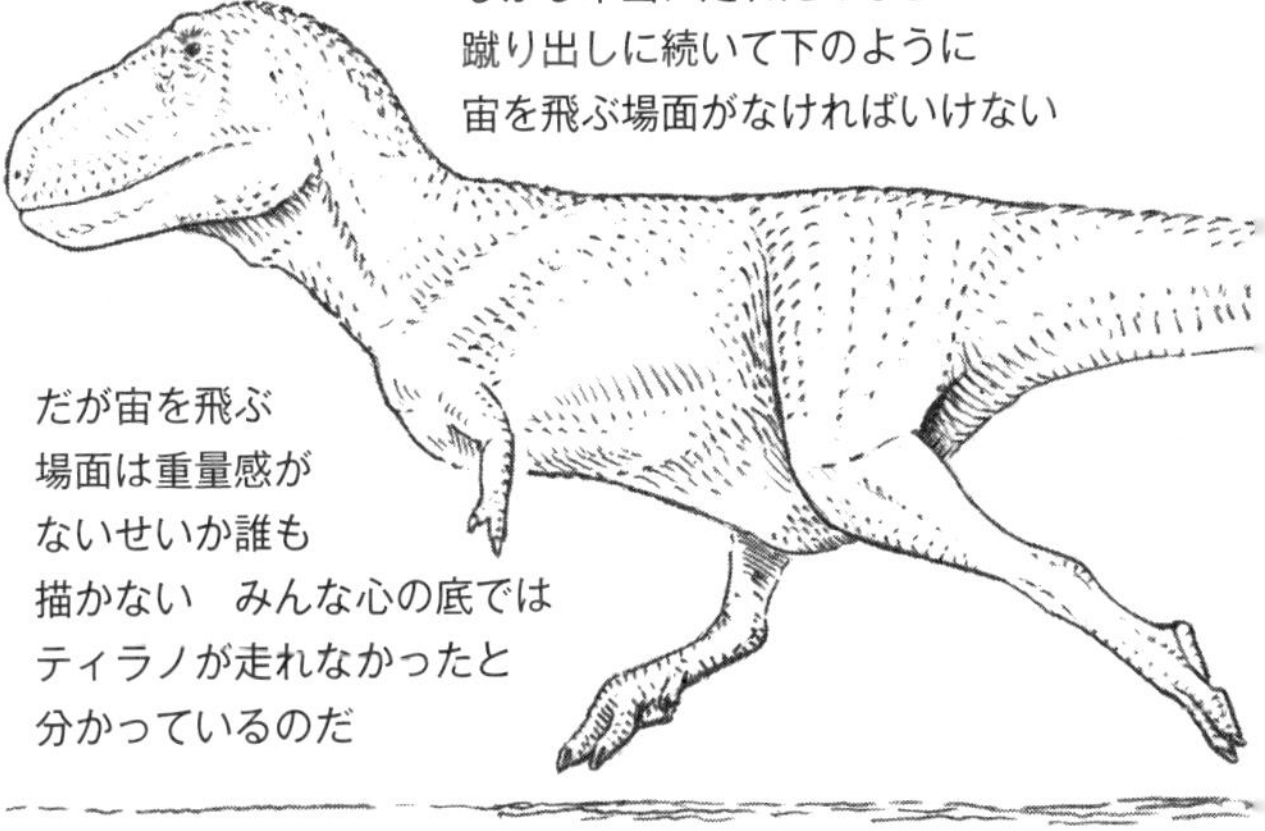
しかし本当に走れたのなら

蹴り出しに続いて下のように
宙を飛ぶ場面がなければいけない
だが宙を飛ぶ
場面は重量感が
ないせいか誰も
描かない　みんな心の底では
ティラノが走れなかったと
分かっているのだ

んこの問題の解決は容易だ。そのままの姿で巨大化なんてするから動けなくなる。例えば体長が2倍になって体重が8倍になるのなら、体を支える足の断面積を縦横それぞれ2・8倍すればいい。こうすれば筋力は2・8×2・8＝およそ8倍となって問題なく体を動かせる。ただしこれ、かなり不格好になることは否めない。体は2倍なのに足だけほぼ3倍とは体型的におかしかろう。というか現実には無理なのだ。

　そういうわけで動物は巨大に進化すると妥協をせまられる。体を動かす足を体に対して太くする。ただしあまり太くは出来ない。だから動くには十分だが、小型動物ほど機敏には動けなくなる。この傾向は大きくなるほど顕著だ。ネコはジャンプできるし、人間は飛び蹴りをくりだせる。ウマはジャンプできるが飛び蹴りは無理で、ゾウはどっちもできない。

反対に、足の骨を調べるとその動物の運動性能がだいたい分かる。大きな動物ほど足の骨は長さに対して太さが増すからだ。それを見ると恐竜の運動性能は同じ大きさの哺乳類とほぼ同じである。つまり恐竜の運動能力を知りたいのなら、ほぼ同じ大きさの哺乳類のことを知れば良い。これから考えると体重1トンのサイやキリンは走れるから、これと同じサイズの恐竜は走れただろう。そしてもっと大きいティラノサウルスはゾウと同様走れなかったことになる。しかしもし自分たちに向かって歩いてくるティラノサウルスを見たら、それが時速10キロだとはとても信じられないであろうし、ティラノサウルスが走れないなんて嘘じゃないか！　と叫ぶことになるだろう。

†混乱している恐竜の分類

さて、恐竜の名前を知ると、時に人は「その恐竜の分類は何？」と尋ねてくる。これは例えば、ネコは食肉目ネコ科であると言われると、何か分かった気になるようなものだろう。実際、分類とはそういうものだ。分類の目的は知識を整理することにある。そして整理すれば分かった気になるであろう。

だが恐竜の分類は混乱している。というか、恐竜自体のことは着々と分かってきている。しかし整理整頓の分類体系がこれに追いつけず、勝手にぶち壊れてしまったのである。特に鳥が恐竜であることが分かったのが致命的だった。分類とは住所録のようなものだ。この失敗を住所録にたとえれば、鳥類のところを国だと思っていたら、実は爬虫類国、恐竜県、獣脚類市の一区画でしかないことがばれました、なにこの住所区分、破綻してるじゃん、どうすんのこれ？　みたいな感じである。

これに科学者はどう対処したか？　恐竜学者の対応はドライである。恐竜が爬虫類のどこにいるのかは分かった、鳥が恐竜のどこにいるのかも分かった。破綻したのは単に住所の区分けだけだ。それじゃあこの区分けを無視しよう。これはトロオドンのところで登場するゴーティエ博士が90年代にした提案だ。そういうわけで現在、恐竜の論文は多くの場合、分類階級を使わない。単に分類名が並ぶだけである。

だが最近、一般向けの本やネット記事はこの流れに逆行し始めた。獣脚亜目とか竜脚下目とか無駄に熱心に分類階級をつけたがる。これはどうも Wikipedia に原因があるらしい。Wikipedia は杓子定規に分類階級を使用するからである。さらにこれはサイエンスライターの問題でもあろう。昨今の出版事情で原稿料は下がり、サイエンスライターは取材する時間がない。1万円の原稿を1日で書けば日給1万だが、資料読みに2日かければ日給5000円である。

それだったらWikipediaを丸写しするのが正解だ。今時は本もネット記事もWikipediaやナショジオなどの丸パクり。もちろん亜目、下目という分類階級も考えなしに丸写し。亜目と下目、そのどちらが小さいかも分からぬままに書き写すという按配である（ちなみに下目の方が小さい）。ではこの本はどうするかというと研究者に従う。前世紀に話がついているわけで、この本では目とか科という分類用語は使わない。基本全部〝なになに類〟で通す。

もちろんこの処置に不満のある人もいよう。例えば恐竜研究者は一般向けの講演で、この獣脚類は、とか、コエルロサウルス類が、と話すものだ。だが、時にこれに食ってかかる人がいる。なんで分類階級を使わないで〝なんとか類〟と言うのですか！　ごまかさないでくださ い！　そう血相変えて怒鳴るのだ。彼は分類を知ることで分かった気になりたかったのであろう。でもそれを教えてもらえないから怒り狂っているのだ。

だが悲しいかな、こんなことになったのは、そもそもその分類体系とやらが狂っていたからである。そんな狂ったものを覚えてどうするというのだろう？　それに、分類はあくまでも整理整頓の体系でしかない。整理しても物が増えるわけではないように、整理すれば理解が増えるわけでもない。間違った住所録を一生懸命覚えるより前に、価値あることがあるはずだ。

さて、その恐竜の分類というと、最近、大きなニュースがあった。恐竜の二大グループ、竜盤類と鳥盤類、その一角の雄である竜盤類が崩れるかもしれないという内容である。こう書くと次のように反応する人もいる。恐竜学の進展は速い。3年、5年のうちにめまぐるしく新説が出て葬り去られていく。これもそういう例なのだなと。

実のところこういう世界観は正しくない。というか、そんなことはありえない。次のように考えれば良い。例えば地球には70億の人類がいるが、人間のことを知るには7人も見ればおおむね分かる。もちろん100人、1000人と数を増やせば、それまでの理解を改める場面も出てくるだろう。とはいえ、3年、5年ごとに考えを根本から改めるということはない。もし考えが変わるとしたら、もともと根拠があやふやで保留していた部分である。根拠が少なくもろい部分だからこそ、こう考えた方が良いんじゃないか？　という提案がでてくるのだ。

†骨の特徴

竜盤類をめぐる新説もそういうものである。実はこの崩れるかもしれない竜盤類というもの、もともとあまり手堅い分類ではなかったのだ。竜盤類は、メガロサウルスのような肉食恐竜と、アパトサウルスのような首の長い植物食恐竜をまとめたグループだ。そして竜盤類という呼び名には、トカゲの骨盤を持つもの、という意味がある。

人間もトカゲも骨盤の作りは基本的に同じだ。背中にあって背骨と連結して体重を支える腸骨。腹側の後ろにあって、人間なら座る場所にある坐骨。そしてその前の股間にあるがゆえの恥骨。この三つの骨が合わさり、足の骨がはまりこむ腰を作り出す。トカゲの骨盤では恥骨は前を向く。アパトサウルス、メガロサウルス、ティラノサウルスもこういう骨盤をしている。だからトカゲの骨盤、竜盤類だ。

一方、イグアノドンたちでは恥骨が後ろに伸びる。これは鳥の骨盤と似た特徴なので、だから鳥盤類だ。ちなみに、鳥は鳥盤類ではなく竜盤類から進化している。だからイグアノドンと鳥の恥骨がどちらも後ろに伸びるのは他人のそら似である。ともあれ鳥盤類が手堅いグループであることは確実だった。鳥盤類たちは全員が非常に変わった特徴を持っているのである。例えば彼らは下顎の前に前歯骨という骨を持っているが、他の恐竜たちにこんな骨はない。

鳥盤類は手堅い。では竜盤類はどうか？　まずそもそも呼び名の由来であるトカゲ型の骨盤を持つことは特徴とはいえなかった。トカゲと同じ特徴を持つだけだったら、そこにトカゲを放り込んでも良いはずだからだ。専門的に言えば、骨盤の形は原始形質なので竜盤類を束ねる特徴たりえないのである。素人目に見て一番はっきり分かる竜盤類の特徴は、手の非対称性が顕著である、というものだ。私たち人間の手を見ると、中指を中心に他の指がおおむね左右対称である。トカゲもそうだし、鳥盤類もそうだ。ところが、アパトサウルスの手は親指が非常に大きく、そこから人差し指、中指と徐々に小さくなり、薬指、小指はとても貧弱だ。メガロサウルスたち肉食恐竜になると小指、薬指が小さくなりすぎてなくなってしまう。つまり手が

上からプラテオサウルス、エオラプトル、ヘテロドントサウルス
その頭骨と左手（向かって左が親指）
プラテオサウルスとエオラプトルは
親指が大きく薬指、小指が小さい
こうした手の顕著な非対称性から
竜盤類は認識される

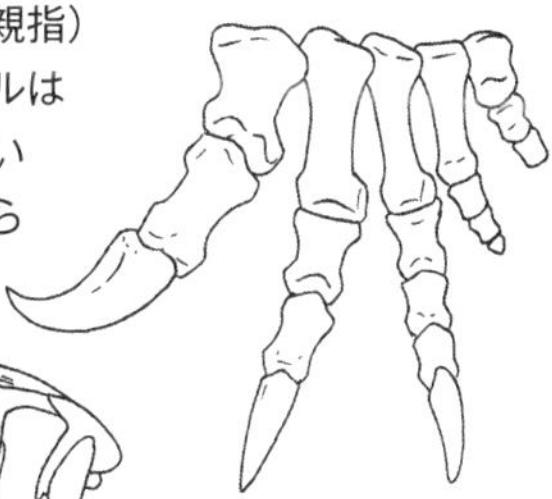

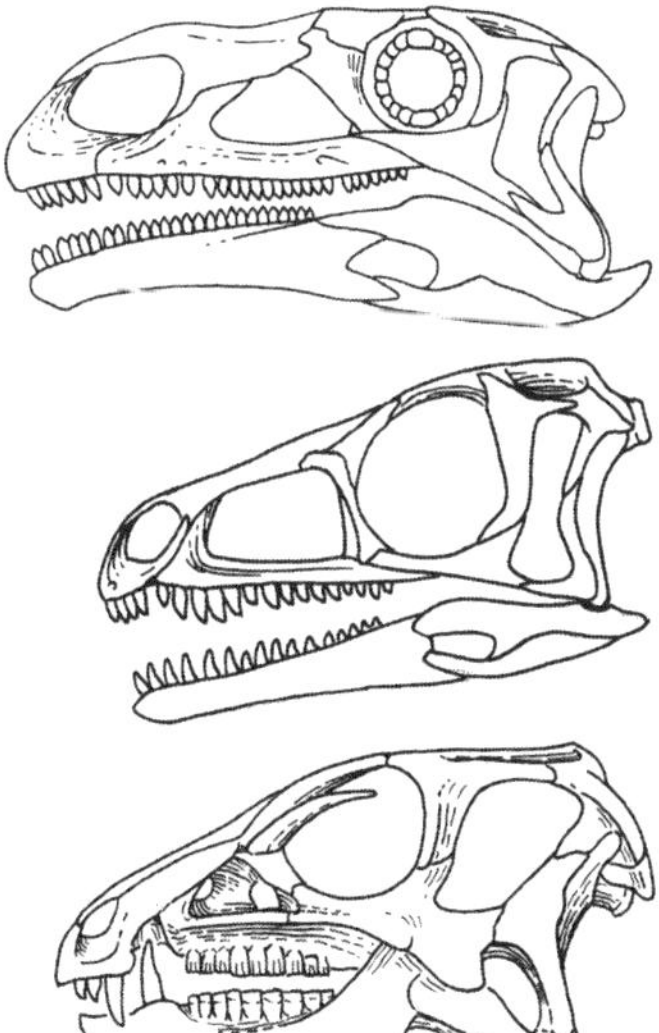

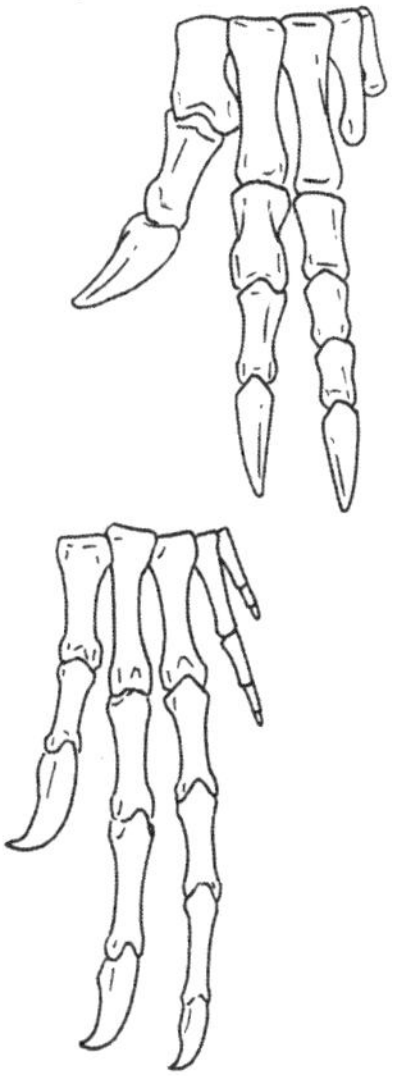

だが鳥盤類のヘテロドントサウルスも
手が顕著に非対称である
それにヘテロドントサウルスとエオラプトルは上顎前部分に
切れ込みがあるなどプラテオサウルスにはない共通点がある
こうしたことから肉食恐竜と鳥盤類をまとめた新提案が
オルニソスケリダ（直訳すれば鳥スケリドサウルス類）である

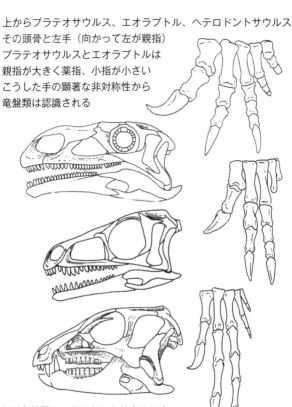

顕著に左右非対称なのである。

このように竜盤類には根拠がある。しかし証拠は多くない。一方、肉食恐竜と鳥盤類は意外と似た点が多いと指摘する人たちが前々からいた。ティラノサウルスとイグアノドンを比べて似た特徴を探すのは確かに難しかろう。だが原始的な種類を比べると話は違ってくる。初期の肉食恐竜エオラプトルと初期の鳥盤類ヘテロドントサウルスの頭骨を見比べると、良く似た特徴がいくつも見つかる。例えば口先の骨と上顎の骨の間に切れ込みがある。さらに上顎の骨には水平に走る隆起がある。言われてみると確かにそうだと思う。こうした特徴はもう少し進化した肉食恐竜にも残っているし、鳥盤類にも残っている。その一方でアパトサウルスたちにこれらの特徴は見られないのだ。それにヘテロドントサウルスの手は顕著に非対称である。これは、鳥盤類も最初は非対称な手を持っていた証拠かもしれない。そうだとすると〝手の顕著な非対称性〟が竜盤類であるという根拠自体が怪しくなってくる。

そうして出てきたのが2017年の論文だ。骨の特徴を再検討すると、肉食恐竜をアパトサウルスの仲間と束ねる証拠よりも、鳥盤類と肉食恐竜を束ねる証拠の方が多い、つまり竜盤類は崩れるという内容だ。

この提案はまだ出たばかりで、この先どうなるのかは分からない。むしろ現時点では、伝統的に行われてきた区分をこれまで通り頭に入れておいた方が良いだろう。今までの知識を知るということは、新しい知識をどう評価すれば良いか、それを知る手がかりにもなるものだ。そうすればいつかこの新しい提案が普及した時でも、私たちは難なく対応が可能となるだろう。

†三大グループ「鳥盤類・獣脚類・竜脚形類」の違い

では恐竜のグループとその特徴を簡単に説明しよう。まずは恐竜全体の特徴からだ。恐竜は本来、雑食の小さな動物だったようだ。その特徴は2本の後ろ足で歩くことにある。アパトサウルスやトリケラトプスのように再び4本足に戻ったものもいるが、本来、恐竜とは2本足の動物なのだ。恐竜がこのような進化を遂げたきっかけはよく分からない。ただ、結果的にいうとこの変化で、恐竜は呼吸と運動性能を大きく向上させたようである。典型的な爬虫類とされるトカゲは、走る時にその体を左右にくねらせる。この時、肺のある胸も左右に伸び縮みするので、走るトカゲは呼吸がうまくできない。もちろん、これは必ずしも不利を意味しない。実際、トカゲは非常に素早く移動できる。ただし長距離の走りは難しいであろうし、実際、その通りである。

恐竜にこの問題は生じない。後ろ足だけで走るのなら体を左右にくねらすことはありえない。恐竜は走っている最中も自由に呼吸できる。つまり他の爬虫類より走ることが得意なのだ。この特徴は恐竜の後ろ足の特徴によく現れている。まず足が体の下にまっすぐ伸びている。トカ

ゲの足がガニ股で、体の横に突き出すのとは対照的だ。体重をまっすぐな柱で支えるようなものだから効率的だろう。走る時にかかる負荷をうまく受け止められるであろうし、巨大な体重も支えられる。実際、爬虫類の中で体の超巨大化を実現できたのは恐竜だけだ。他に巨大化できたのは浮力で体を支えられる水中種だけである。

さらに恐竜のかかとの構造は印象的だ。私たちのかかとの骨がボールジョイントで自在に曲がるのとは対照的に、恐竜のかかとは前後にしか曲がらない。こういう構造はシカやウシなど高速移動する動物でよく見られる。恐竜は高速移動する小型動物として進化したのである。

恐竜が誕生したのは三畳紀。ここからただ

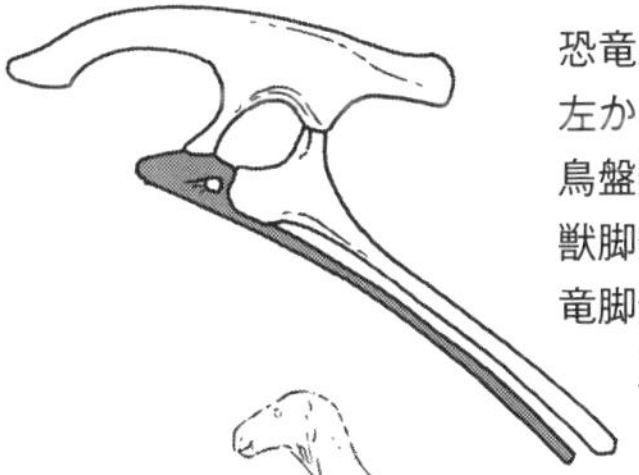

恐竜三大グループの骨盤
左から
鳥盤類ヘテロドントサウルス
獣脚類アロサウルス
竜脚形類プラテオサウルス
灰色で示したのが恥骨で
向かって左が前

ちに三つの系統が出現した。第一の系統が獣脚類。これはメガロサウルスやティラノサウルスなどいわゆる肉食恐竜だ。肉食恐竜＝獣脚類と思えば良い。鳥は獣脚類から進化した。そして獣脚類は原則二足歩行のままである。唯一の例外はスピノサウルスだ。

そして第二の系統が竜脚形類。これはアパトサウルス、ブラキオサウルスなどを生み出した系統である。小さな頭と長い首を持ち、植物を食べる。当初は後ろ足だけで歩いていたが、大型化するに従って4本足で歩くようになった。原始的な古竜脚類と派生的な竜脚類とに分けることもある。そして獣脚類（つまり肉食恐竜）と竜脚形類は手の形が似ている。だから獣脚類と竜脚形類は竜盤類としてまとめられているのだが、それがどうも怪し

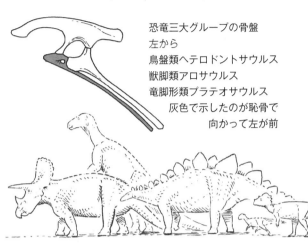

いのは先に見た通りである。

そして恐竜の第三の系統が鳥盤類だ。当初は二足歩行だったが、そこから四足のものや様々な形のものが現れた。この系統が一番華やかである。アンキロサウルス、ステゴサウルス、イグアノドン、トリケラトプス、パキケファロサウルスなどが代表だ。これも植物を食べる恐竜だが竜脚形類とはまるで違う。まず腰の骨の恥骨が後ろにのびる。ただし、派生的な種族だとこの特徴が分かりづらくなる。もっと分かりやすい特徴はくちばしを持つこと、そのくちばしを支える特別な骨、前歯骨を持つことだ。この骨は獣脚類や竜脚形類にはない。鳥にもない。鳥盤類が非常に特別な恐竜であること、鳥とは縁遠いことがここから分かるだろう。

さて、三畳紀に現れ地上の王者となった恐竜たちだが、当初は小さく、目立つ動物でもなかった。ではどのように恐竜は地上の覇王となったのか？　三畳紀の世界とこの時代に栄えた動物たちを紹介しながら、恐竜が覇王となっていく様子を見ていこう。

第２章

三畳紀　恐竜時代の始まり

†爬虫類の王国、誕生——2億5200万年前から2億100万年前

三畳紀は大破壊の後の時代でもある。前の時代のペルム紀末期。地球の生物は大量絶滅にみまわれた。大量絶滅とは異なる複数の生物が大量に、しかも時期を同じくして一斉に滅び去る出来事のことである。大量絶滅は地球の歴史で何度か起こったが、特に大きな五つの大量絶滅をビッグファイブと呼ぶ。ペルム紀末のものは第三のビッグファイブであり、それまで地上に存在した種族の95%が一掃された。

この大量絶滅の原因はよく分かっていない。大規模な火山噴火と二酸化炭素の放出。それを引き金とする温室効果の暴走という説もある。これは動物が生きていくことさえ難しい高温状態に地球が陥ったという説だ。これを含めて色々な説があるが、いずれにせよほとんどの種族が滅び去り、生物の顔ぶれは大きく変わった。それまでのペルム紀、地上の覇者は哺乳類の祖先であった。だが今や哺乳類の系譜は覇王の地位からすべり落ちた。三畳紀初めにはまだ哺乳類の系譜が頑張っているが、やがてそのすべてを爬虫類が奪ってしまうのである。

三畳紀、爬虫類は地上のあらゆる領域に進出した。空を飛ぶ翼竜、海を泳ぐ首長竜と魚竜。空と海への進出。これはペルム紀に栄えた哺乳類の系譜でさえ成し遂げられなかった快挙であった。一方、地上においては、最初はワニが覇王となり、そしてその玉座を恐竜が奪うのであ

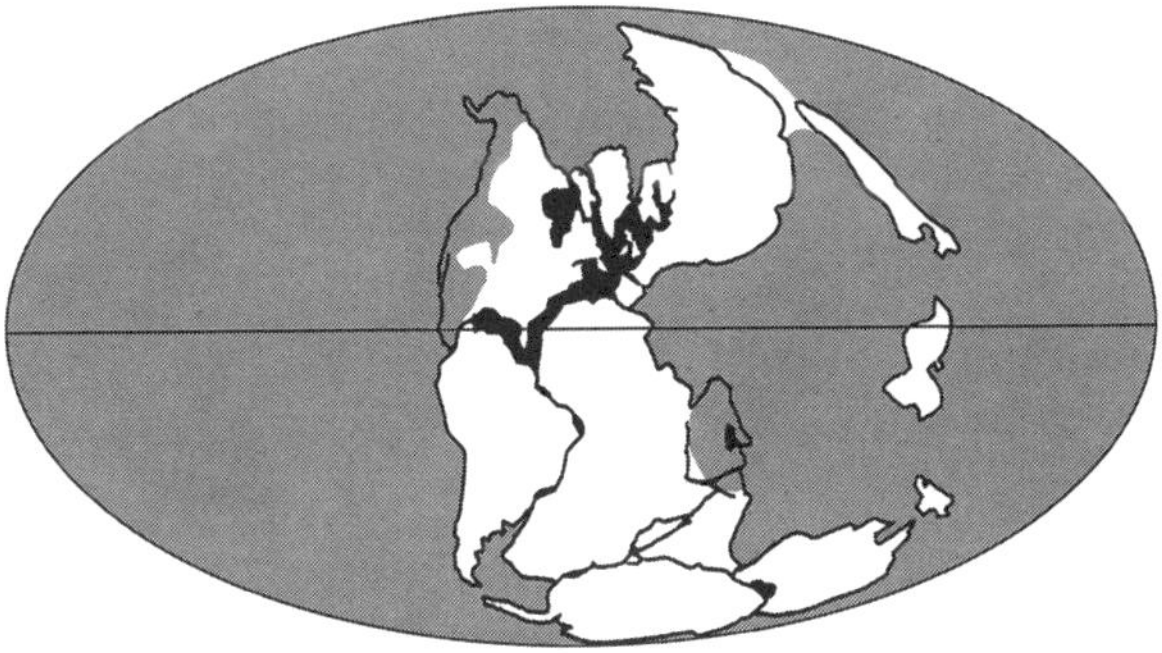

三畳紀、地球上すべての大陸はひとつに集合し、ひとつの巨大大陸パンゲアを形成していた
恐竜は歩くだけで、地球全体に分布を広げることができた

る。恐竜が全てのライバルを叩き潰せたその理由は不明だ。当時、地球の大気は酸欠状態に陥っていて、効率的な呼吸を実現する気囊《きのう》システムを持っている恐竜が有利だったという、奇抜な説もある。しかしこれは根拠が乏しく、どっちかというと色物仮説である。

むしろよく言われるのは恐竜の運動性能が優れていたという説だ。恐竜の足はまっすぐ下に伸びて効率的だった。当時の哺乳類はこれについて劣り、ワニはやや劣っていた。恐竜はライバルたちよりも体重を支え、長距離を移動する上で有利だったかもしれない。そして当時、地球の大陸はすべて合体して、ひとつの巨大大陸パンゲアを形成していた。恐竜は歩くことで地上のすべてを制覇できたのだ。これが１億７０００万年続く恐竜時代の始まりであった。

三畳紀中期南アフリカの光景
後ろは爬虫類のエリスロスクス
Erythrosuchus africanus
全長５メートル
すでに獲物を食べた後なので
手前の２頭には無関心

手前右は哺乳類の祖先である肉食獣キノグナトス
Cynognathus crateronotus　全長２メートル

手前左は哺乳類の祖先である植物食動物カンネメエリア
Kannemeyeria simocephalus　全長３メートル

キノグナトスとカンネメエリア　ペルム紀王者の末裔

南アフリカにあるカルー盆地を調べると、三畳紀中期の様子を知ることができる。ただし中期とは言っても、これはあくまで時代区分での話。年代は2億4000万年前。三畳紀が始まって1000万年後のことである。5200万年続く三畳紀のまだ5分の1なわけで、感覚的には三畳紀初頭だ。地層からすると当時ここは乾いた場所だった。夏は暑くて乾燥し、冬は涼しく雨が降った。ここで栄えていたのがキノグナトスとカンネメエリアだ。

キノグナトスは肉食動物で、その名前は〝イヌの顎〟の意味。その名の通り、頭骨はイヌっぽい形をしている。ただ頭骨の長さはイヌの大きさをはるかに越えて40センチにもなる。現在の動物でいうとライオンに匹敵する大きさだ。一方、体長は1・6メートルぐらい。尻尾を入れて2メートルぐらいだから、最大級のライオンよりはやや小さい。また、ライオンが長い足ですっくと立ち上がって駆け回るのに対して、キノグナトスはトカゲのようなガニ股だった。必然的に体の高さは低くなるから、ライオンほどの威圧感はなかったかもしれない。とはいえ、恐ろしい肉食獣であることは間違いない。

一方のカンネメエリアは植物食動物である。こちらは全長3メートル。見た目は現在のサイに似ている。違いがあるとしたら牙があること、奥歯を持たないこと、そして口の先がくちばしになっていることだった。カンネメエリアはどのようにして植物を食べたのか？　現在のサイは植物を口でむしると、それを頑丈な奥歯でかみ砕き、すりつぶして呑み込む。植物は繊維質が多くて、よくかまねば消化しにくい。だが、カンネメエリアには奥歯がない。歯の代わりに顎の骨で食べ物をすりつぶすのだ、そう書いている本もある。あるいは噛み切って呑み込むだけと書いている本もある。多分、後者が正しいのだろう。例えばカメは歯を持たない。植物を食べる種類がいるが、カメはかみちぎって呑み込むだけである。食べた葉っぱは何日も体に入れておいて、のんびり消化する。カンネメエリアもおそらくそうだったのだろう。それを考えるとサイと言うよりはばかでかいカメと言った方が良いのかもしれない……甲羅はないのだが。そしてカンネメエリアはキノグナトスに襲われ食べられていただろう。

このキノグナトスとカンネメエリア、実は恐竜ではないし、爬虫類ですらない、我々哺乳類の祖先に当たる動物だ。彼らは三畳紀の前の時代、ペルム紀に地上を制覇した王者たちの末裔だ。大量絶滅を生き残り、再び地上の覇王になるべく進化を始めたのである。しかしすでに、彼らには衰退の予兆が迫っていた。全長2メートルに達するキノグナトス。この大型肉食獣にも、当時、敵がいたのである。それは全長5メートルに達する爬虫類エリスロスクスだ。やがてキノグナトスたちは、これら爬虫類たちに王者の地位を追われることになる。

ヘレラサウルス
Herrerasaurus ischigualastensis
三畳紀後期　南アメリカ　全長3〜5メートル
初期の恐竜で肉食だったが獣脚類ではないかもしれない
足の親指が接地するなど、後ろ足は竜脚形類に似ている
なお、小指もあるが小さすぎて肉に埋もれている

ヘレラサウルスがおこぼれに
あずかろうと
周囲をうかがっている

背景はワニの仲間サウロスクス *Saurosuchus galilei*
全長6メートルと植物食の爬虫類ヒペロダペドン *Hyperoda-pedon sanjuanensis*
全長1.5メートル
どちらも三畳紀後期
南アメリカ

ヘレラサウルスとサウロスクス　爬虫類の運動性能向上

南アメリカにあるイスキガラスト累層は、厚み1000メートルに達する地層である。時代はおよそ2億3000万年前から2億2500万年前。キノグナトスのいた時代から1000万年後のことだ。1000万年の時代もさることながら、場所も南アフリカから南アメリカへ。しかし当時、南アフリカと南アメリカは一続きのお隣さんだった。だからこの話はキノグナトスとカンネメエリアたちの未来の物語と思っていい。地上の覇権はすでに爬虫類にある。全長6メートルに達する最大の肉食獣サウロスクスの見た目は肉食恐竜だが、2本足ではなく4本足で歩く。これはワニの仲間だ。ワニこそ地上を制覇した最初の爬虫類だった。

現在のワニは水中生活に適応して、まるで両生類のような姿になっている。水をかくヒレのような尻尾。陸上を歩くことが少ないため小さくなった手足。水面から獲物の様子をうかがうことに向いた平べったい頭。だが水中生活に適応する前、ワニたちは地上の覇者だった。それはサウロスクスの体型によく現れている。丈夫だがほっそりとした尻尾。頭は高さのある箱形で、なによりも地上を走ることに向いた細長い手足が印象的だ。足もガニ股ではなく、体の下に伸びて体重を効率よく支えている。すでに述べたようにトカゲは走る時に体を左右にくねらせるので、胸と肺がつぶれてうまく呼吸できない。恐竜は後ろ足だけで走ることで、この問題を解決したが、ワニの仲間もこの問題をうまく解決した。サウロスクスのように後ろ足がガニ股でなくなれば、体のくねりは解消される。例えばイヌを思い出せばよい。歩くイヌの胴体は、左右にゆれることもあるが、呼吸を邪魔するようなものではないだろう。そして呼吸が邪魔されないとなれば、これまでより激しい運動が可能だ。ワニたちは足のつき方を改善することで、運動性能を向上させた。一方、キノグナトスたち哺乳類の祖先はその改善に一歩遅れを見せた。哺乳類の祖先がワニたちに覇権を奪われたのはこれが理由とも言われる。

サウロスクスが覇王となる一方で、これに続く肉食動物がヘレラサウルスである。これは初期の恐竜で大きなものは5メートルになった。しかしサウロスクスよりずっと華奢だ。サウロスクスが当時のライオンなら、ヘレラサウルスはヒョウやオオカミのような立ち位置だろう。ヘレラサウルスは肉食恐竜。つまり獣脚類だと考えられている。しかし獣脚類にしては体の作りが非常に原始的だ。例えば足の作りを見てみよう。ティラノサウルスは足の小指がなく、親指もひどく小さくて地面にはつかない。体重を支えるのは3本の指だけだ。獣脚類は基本、全部そうである。ところがヘレラサウルスの足には小指も親指もある。しかも親指が地面につくのだ。だからヘレラサウルスは肉食だが獣脚類ではないという見解もある。もしかしたら竜脚形類、つまりブラキオサウルスなどに近い動物かもしれない。

エオラプトル

Eoraptor lunensis

三畳紀後期　南アメリカ

全長１メートル

原始的な獣脚類で雑食だったらしい
原始的すぎて獣脚類であることや
恐竜であることを疑われる
こともある
竜脚形類の可能性も指摘されている

エオラプトル　竜脚形類か獣脚類か

2億3000万年前、かつてラウイスクとヘレラサウルスが闊歩していたイスキガラスト累層。この地層からは他にも初期の恐竜が見つかる。そのひとつがエオラプトルだ。報告されたのは1993年。全長は1メートル。長い後ろ足で歩く姿は獣脚類を思わせるが、歯の形は肉食向きではない。エオラプトルの歯は根元がひきしまった木の葉形なのだ。これは鳥盤類や、あるいは初期の竜脚形類、例えば次に登場するプラテオサウルスの歯と似ている。

エオラプトルは一体どの仲間なのか？　最初の論文では原始的な獣脚類とされた。根拠はいくつもあるが、一番分かりやすいは手の小指と薬指がなくなっていることだろう。これは獣脚類の特徴である。ではプラテオサウルスに似た歯は一体何か？　これは同じものを食べることで生じた他人の空似だろう。エオラプトルやプラテオサウルスの歯は、現在の爬虫類では植物を食べるイグアナの歯に似ている。つまり植物食に向いた歯なのだ。獣脚類は肉食だが、植物を食べるようになった種類も多い。これはオオカミの仲間であるキツネが植物も食べる雑食性であることと同じだ。エオラプトルも、肉食獣であるヘレラサウルスたちの間を、キツネのようにうろつき回っていたのだろう。

しかしエオラプトルはあまりにも原始的だ。手の小指と薬指が小さいという特徴を抜かすと、獣脚類だという証拠がほとんどない。プラテオサウルスのような歯は本当に他人の空似だったのか？　そういう疑問も生じてくる。実際、２０１１年になって、エオラプトルは原始的な竜脚形類だという論文が出た。つまりプラテオサウルスやブラキオサウルスの祖先ということになる。この場合、エオラプトルの歯がプラテオサウルスに似ているのは親戚だからだ。証拠はエオラプトルの手の親指が体の内側へわずかにねじれる竜脚形類の特徴である。

しかし異論もありうる。手の親指が顕著にねじれるのは竜脚形類の特徴だが、少しねじれるだけなら、これは他の原始的な恐竜にも見られるものなのだ。するとやはりエオラプトルは獣脚類かもしれない。実際、手のつくりは獣脚類である。２０１７年に出た恐竜の分類見直しを迫る論文では、エオラプトルは原始的な獣脚類とされ、原始的な鳥盤類へテロドントサウルスと比較されるのだ。こうして獣脚類は鳥盤類に近いという結論が導かれたのである。

エオラプトルは非常に原始的な恐竜だ。そのためすべての派生的な恐竜を結びつけるパズルのピースとして働きうる。進化の歴史はただひとつでも、パズルに複数の組み合わせがありうるように、解釈によって異なる結びつけがありうる。それをめぐって恐竜学者は議論しているが、その手札となるのがエオラプトルなのである。エオラプトルのエオとは夜明けの意味、つまり原初の存在という意味だが、まさにその名にふさわしい事態だと言えるだろう。

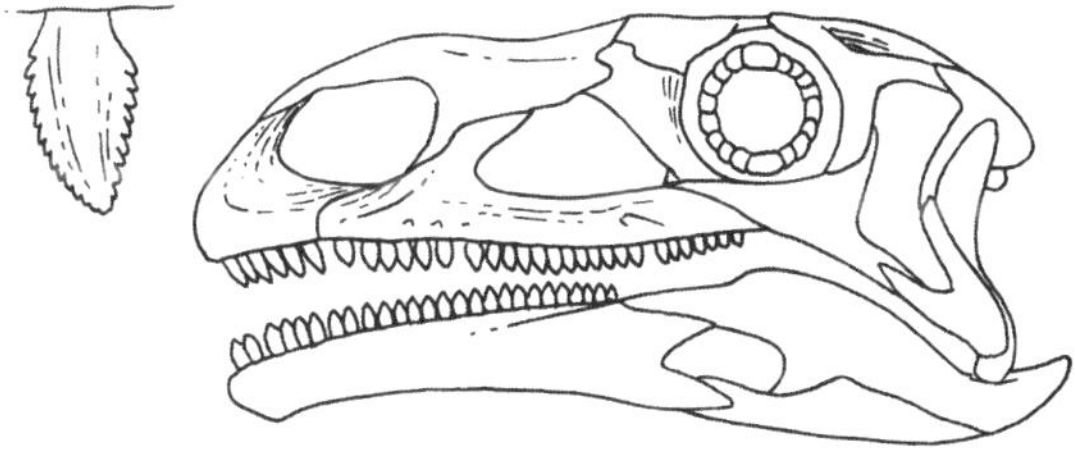

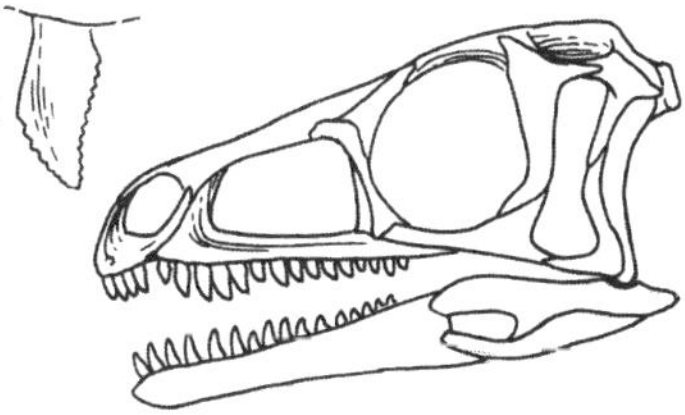

プラテオサウルス（上）と
エオラプトル（下）の
頭骨と歯
鼻の穴が大きいなど
似た特徴がある

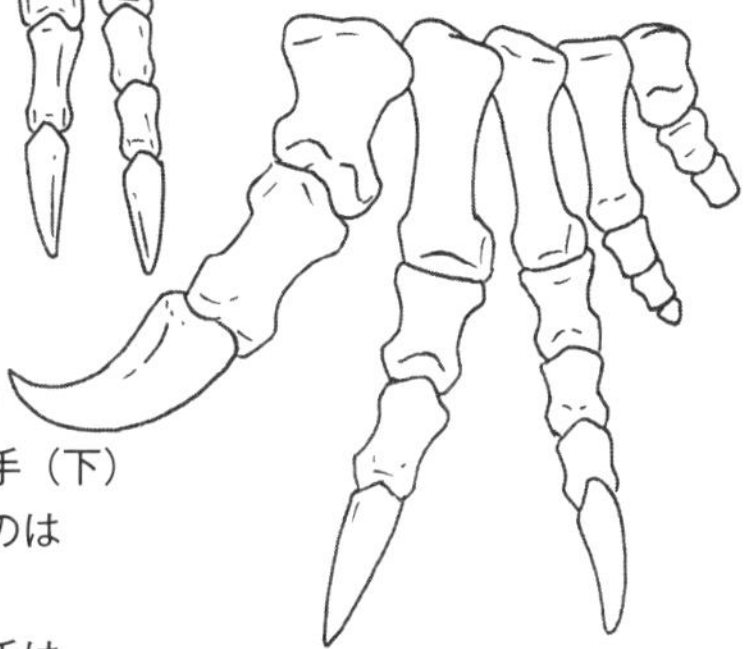

エオラプトルの手（上）
とプラテオサウルスの手（下）
親指が内側にねじれるのは
良く似ている
しかしエオラプトルの手は
典型的な獣脚類のものである

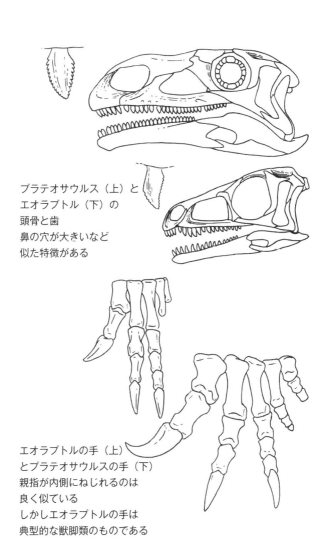

アエトサウルス
Aetosaurus ferratus
三畳紀後期　ヨーロッパ
全長1.5メートル　恐竜ではなく
ワニの仲間で植物食動物だった

竜脚形類の足は恐竜としては
原始的で親指が接地する
このため４本指で歩くことになる

プラテオサウルス
Plateosaurus longiceps
三畳紀後期　ヨーロッパ
全長最大で９メートル
竜脚形類は本来二足歩行の小さな
動物だったが巨大化し四足歩行となった
プラテオサウルスは巨大化を達成した
初期の竜脚形類である

木の幹につかまって体を
起こしたプラテオサウルス
手の親指は内側へねじれる
この特徴は後の竜脚形類では
失われた

プラテオサウルスとアエトサウルス　上の葉を食べたい

今度の舞台はおよそ2億2000万年前、場所はドイツである。ラウイスクスやヘレラサウルス、エオラプトルがいた時代からさらに1000万年後。場所も南アメリカからドイツへと移ったわけだが、当時の地球はすべての大陸が地続き。実際のところ、動物の顔ぶれは南アメリカもドイツもほぼ同じだ。

南米最大の肉食獣は相変わらずラウイスクスの仲間であり、肉食恐竜ズパイサウルスがそれに次いでいた。一方、ドイツで最大の肉食獣はテラトサウルスだ。これは私が子供の頃には肉食恐竜として紹介されていたものだが、今ではラウイスクスの仲間であることが分かっている。そして肉食恐竜プロコンプソグナトスがいた。南米にいたズパイサウルスの親戚で、どちらも後で登場するコエロフィシスの仲間である。南米でもドイツでも一番目立つのは、植物食恐竜の竜脚形類だった。南米ではリオハサウルスであり、ドイツではプラテオサウルスだ。ドイツを舞台にしたのは、プラテオサウルスが有名だからである。

プラテオサウルスはこの時代の地層から大量に見つかる。全長は大きなもので9メートル。長い尻尾と長い首を持つ動物で、体に対して頭は小さい。小さいと言っても頭骨の大きさは50

センチもある。しかし体がその18倍もあるから、妙に頭が小さく見えるのだ。口には木の葉状の歯が並んでおり、現在の爬虫類で言うとイグアナの歯に似ている。イグアナは植物を食べるから、プラテオサウルスも植物を食べることが分かるだろう。

プラテオサウルスたち竜脚形類は画期的な植物食動物だった。植物を食べる動物がこの地上に最初に現れたのは3億年前の石炭紀末。それからこの三畳紀まで8000万年が経過している。この間に様々な植物食動物が現れたが、いずれも地上付近の植物を食べるものたちだった。長い首を使って高い場所の葉を食べる能力を持つのは、プラテオサウルスたち竜脚形類が初めてだったのである。その手は非常に特徴的で、親指とその爪が異様に大きく、しかも親指は顕著にねじれて爪が体の内側を向いていた。多分、この奇妙な爪は体を支えることに役立った。木にこの爪をひっかけて体を支えれば、さらに高い場所の葉っぱを食べられるわけだ。

ドイツの地層からはアエトサウルスという爬虫類も見つかる。恐竜ではなくワニの仲間だ。全長は1・5メートル。短い首、装甲板に覆われた体、とがった口先。そして根元がひきしまった木の葉状の歯。アエトサウルスも植物食だった。しかしアエトサウルスは体の丈が低いから、地上付近の植物を食べたのだろう。もちろん不利なことではない。高さの異なる植物を食べることで食事をめぐる競争を回避するのは現在の動物でも見られることだからだ。しかしこの後、アエトサウルスたちは滅び去り、植物食動物は恐竜だけになってしまうのである。

ポストスクス　ワニと恐竜の大きな違い

時代は2億1500万年あまり前、今度の舞台は北アメリカだ。この時代、北アメリカの中央部には大きな川が流れていたらしい。たくさんの土砂が運ばれて堆積し、チンレ累層とかダコタ累層と呼ばれる地層が作られた。この地層からは様々な化石が見つかる。そのひとつがポストスクスだ。ポストスクスは恐竜ではなくワニである。しかし1985年に報告された時、発見者のチャタジー博士は、これをティラノサウルスの祖先であると宣伝した。ニュースにもなったから、40代、50代には、ポストスクスのことを知っている人もいるだろう。

テキサス大学のインド人研究者、チャタジー博士は良い化石を見つける腕の立つ人だが、化石を実物以上に宣伝してしまう人でもある。ポストスクスをティラノサウルスの祖先だと主張したこともそのひとつだ。実際のところポストスクスはワニである。例えば頭の骨を見てみよう。ポストスクスのこめかみの部分には張り出しがある。これはワニの特徴で、恐竜にもティラノサウルスにもこんな張り出しはない。あるいは、かかとの骨を見ても良い。ポストスクスのかかとの骨は、人間のかかとの骨のように後ろに突き出している。こんな骨は恐竜にはない。恐竜のかかとの骨は人間やワニよりもはるかに単純である。

ポストスクス　*Postosuchus kirkpatricki*
三畳紀後期　北米　全長５メートル
個性的なチャタジー博士によってティラノサウルスの祖先と
言われたが実際にはワニである

目の後ろのこめかみに
ある張り出しは
ワニの特徴
かなり奇妙な姿の
動物で手は非常に
小さかった

チャタジー博士はポストスクスを後ろ足だけで走る動物として復元してもみせた。彼の復元図のポストスクスはいかにも肉食恐竜であるが、前足や肩の骨は肉食恐竜よりずっと頑丈だ。後に別の人が研究し直して、ポストスクスが4本足で歩いたことが明らかになった。全長は5メートル。肉食恐竜ではないが、長い足ですたすた歩き回る恐ろしい捕食者である。

ちょっと懐かしいネタが他にもあるから少し脱線しよう。1991年、チャタジー博士はポストスクスと同じ地層から、始祖鳥よりも古い鳥の化石プロトアヴィスを見つけた。博士は鳥に特有の骨、叉骨《さこつ》があるとも主張した。叉骨とは人間でいう鎖骨のことである。人間の鎖骨は左右に分かれているが、鳥の鎖骨は左右の骨が中央でくっついてUの字になる。形が股状なので、日本語では叉骨と書くのである。しかし、博士の見つけた〝割れた叉骨の片方〟は困ったことにまっすぐなのだ。叉骨は左右一対U字形なので、片方の骨は必ず曲がる。まっすぐというのはおかしい。他の研究者はこれを尻尾の骨だと考えている。

博士の言うプロトアヴィスは鳥ではない。鳥ではない爬虫類の骨を、しかも複数種の骨を鳥のように組み立ててしまった例なのだ。ただし無価値ではない。どうやら、鳥に近い肉食恐竜の化石も混ざっているようだから。残念ながら博士は、自分に賛成しない研究者にプロトアヴィスの化石を見せないと聞く。ポストスクスと同様、この化石もいつか別の人が再研究するだろう。しかしそれは博士が引退した後、おそらく10年、20年先のことである。

チャタジー博士がポストスクスと同じ地層から見つけて
最古の鳥と主張したプロトアヴィス *Protoavis* は複数の
異なる化石を合わせたキメラであるとされている

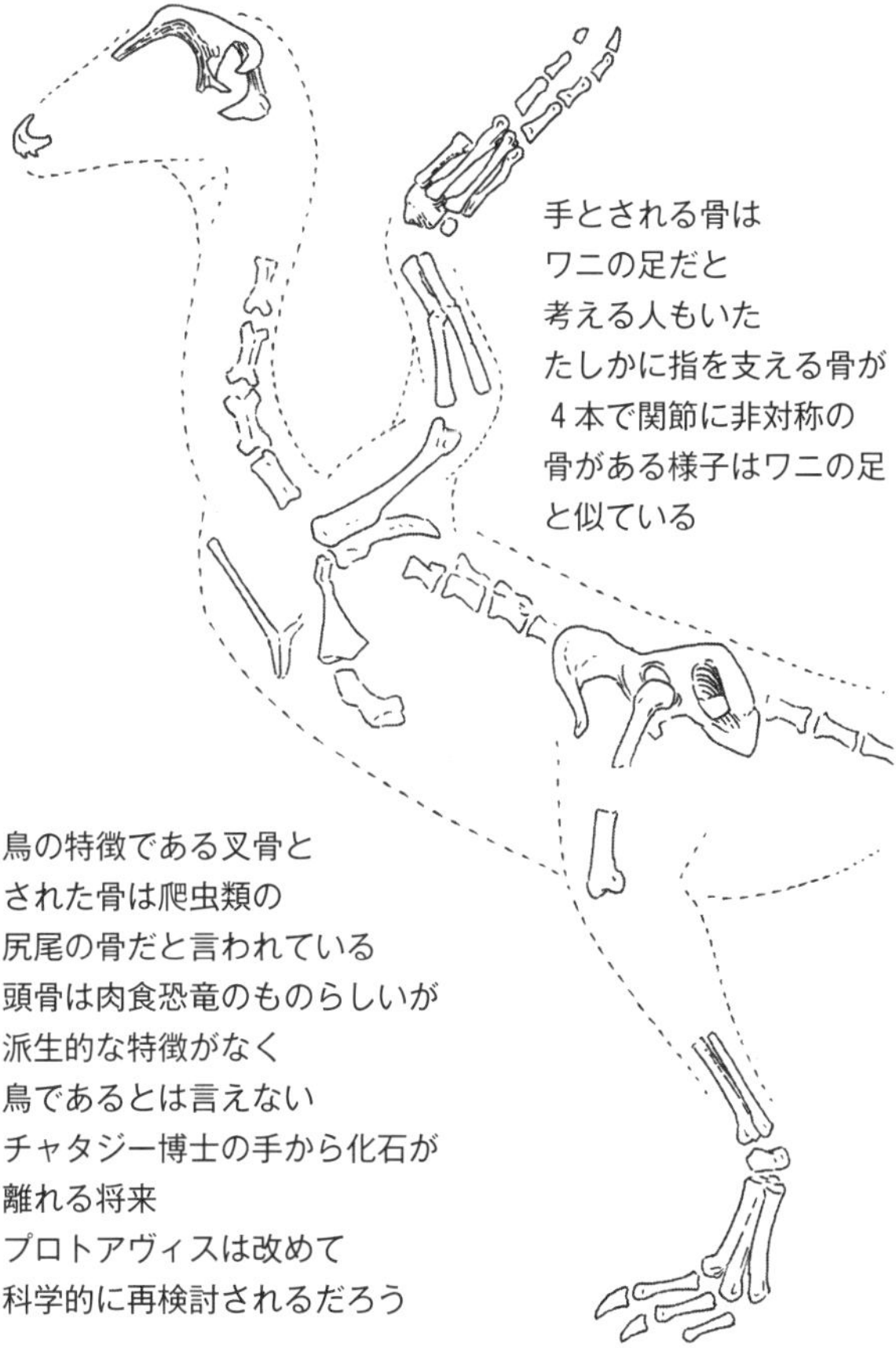

手とされる骨は
ワニの足だと
考える人もいた
たしかに指を支える骨が
４本で関節に非対称の
骨がある様子はワニの足
と似ている

鳥の特徴である叉骨と
された骨は爬虫類の
尻尾の骨だと言われている
頭骨は肉食恐竜のものらしいが
派生的な特徴がなく
鳥であるとは言えない
チャタジー博士の手から化石が
離れる将来
プロトアヴィスは改めて
科学的に再検討されるだろう

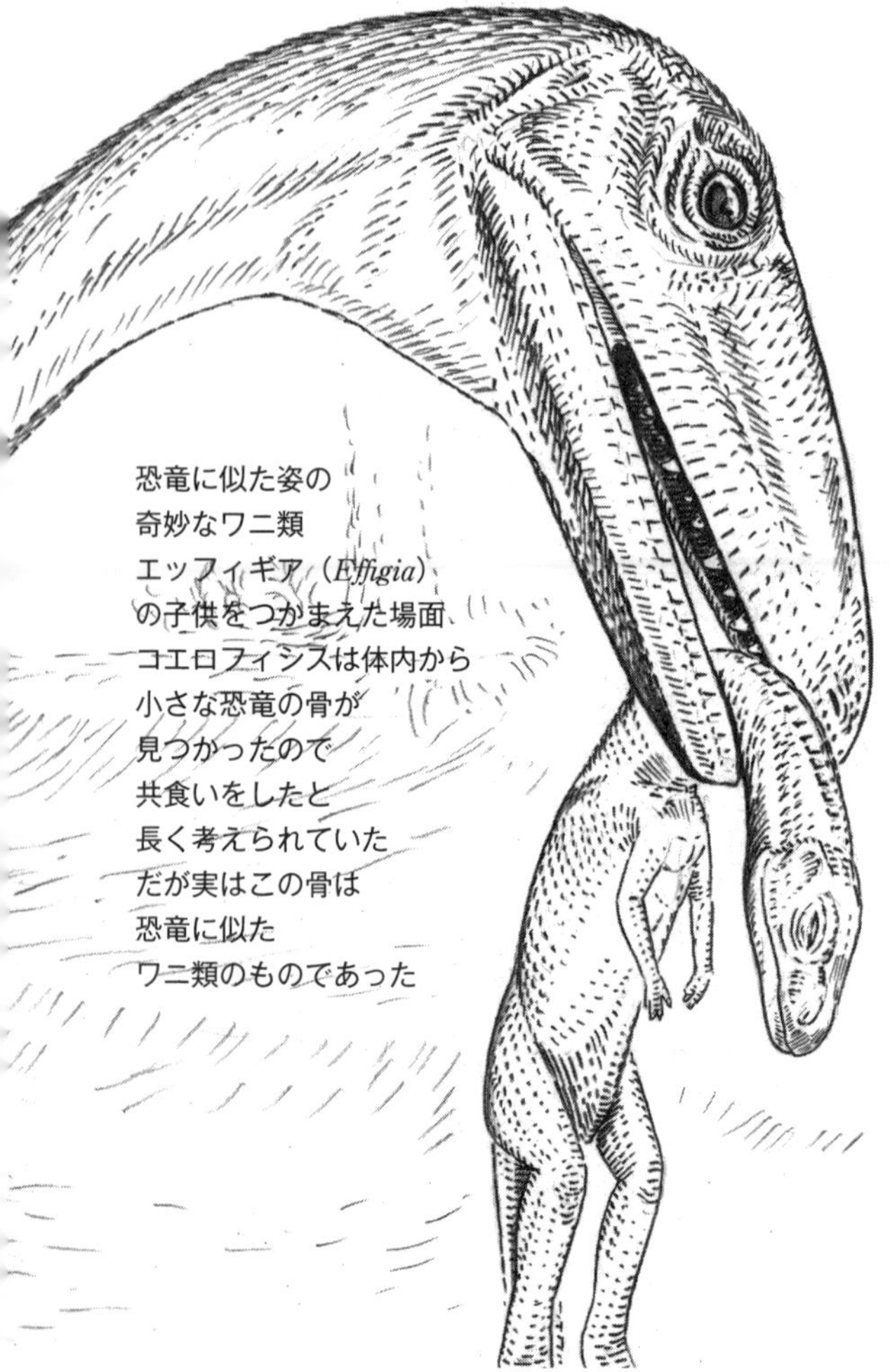

恐竜に似た姿の
奇妙なワニ類
エッフィギア（*Effigia*）
の子供をつかまえた場面
コエロフィシスは体内から
小さな恐竜の骨が
見つかったので
共食いをしたと
長く考えられていた
だが実はこの骨は
恐竜に似た
ワニ類のものであった

コエロフィシス
Coelophysis bauri
三畳紀後期　北米　全長２〜３メートル
チンレ累層は乾期と雨期がある
熱帯性の気候だった
見つかったコエロフィシスたちは
洪水で押し流されたものの
ようである

前足の指は４本だが
４本目は退化が著しく
ほとんど目立たない
後ろ足の親指は接地せず
３本の指で体重を支えた

コエロフィシス　獣脚類は俊足に進化

時代は少したって2億1000万年あまり前。場所は北アメリカ。ここで栄えた肉食恐竜がコエロフィシスだ。全長は2〜3メートル。見つかったのは現在のニューメキシコ州である。特にチンレ累層のゴーストランチという場所から見つかった化石は有名だ。ごく狭い場所に大小合わせて数百体の骨が密集していた。化石は骨がつながった状態だった。死んで時間がたてば遺骸は傷み、骨はばらばらになる。骨がつながっているとは、死んですぐの遺骸が土砂に埋められたことを示している。多分このコエロフィシスたちは洪水で溺れて死んでしまい、そのまま押し流されて一か所に遺骸がたまったものらしい。これだけの数が押し流されてくるからには、コエロフィシスはずいぶん数の多い動物だったようだ。プラテオサウルスといい、この時代、恐竜がその数を増やし始めていたことがうかがえる。

コエロフィシスは2000万年前に栄えたヘレラサウルスと比べると、より獣脚類らしい動物だった。たとえば足の親指はすっかり小さくなって、上の方についている。これはイヌの親指のようなものと思えばよい。イヌの親指は小さくこぶのようになって、上の方につき、地面に接しない。地面を踏みしめるのは残りの指の役目である。コエロフィシスもこれと同様で、親指は小さく接地せず、残りの指で地面を踏みしめる。ただしイヌと違って小指がすっかり退化しているから、3本の指で大地を歩く。このように接地する指の数が減るのは、速く走る動物の特徴だ。これ以後、一部例外はあるが、獣脚類はすべてこのような足を持つようになった。コエロフィシスはその先駆けだったのである。コエロフィシスの足を見れば、親指が地面につくヘレラサウルスがいかに原始的だったのかよく分かる。

一方、6000万年あまり後に登場するアロサウルスと比べると、コエロフィシスの体には原始的な部分がまだ目立つ。例えば手は小指こそ消滅したものの、薬指がまだ残っている。とはいえ薬指は非常に小さくなっているので、生きている時には3本指にしか見えなかったはずだが、このような骨は、アロサウルスたちでは影も形もなくなっている。

かように原始的な部分も残すコエロフィシスだが、一体どんな狩りをしたのだろう？　コエロフィシスの歯は、現在のオオトカゲの歯とよく似ている。後ろ向きにカーブしたナイフ状で、縁に小さなギザギザがある。これは見た目よりはるかに恐ろしい武器だ。歯は脊椎動物の体で最も硬いエナメル質である。さらに、歯の縁に並んだ小さなギザギザは、圧力をごく狭い範囲に集中させる。すると動物の皮膚に頑健さを与えているコラーゲン繊維も容易に切断されてしまうのだ。世界最大のオオトカゲ、コモドドラゴンはヤギを一撃で仕留めることがある。鋭利な歯を使って、首の頸動脈を切断するのだ。コエロフィシスも同じようなことができただろう。

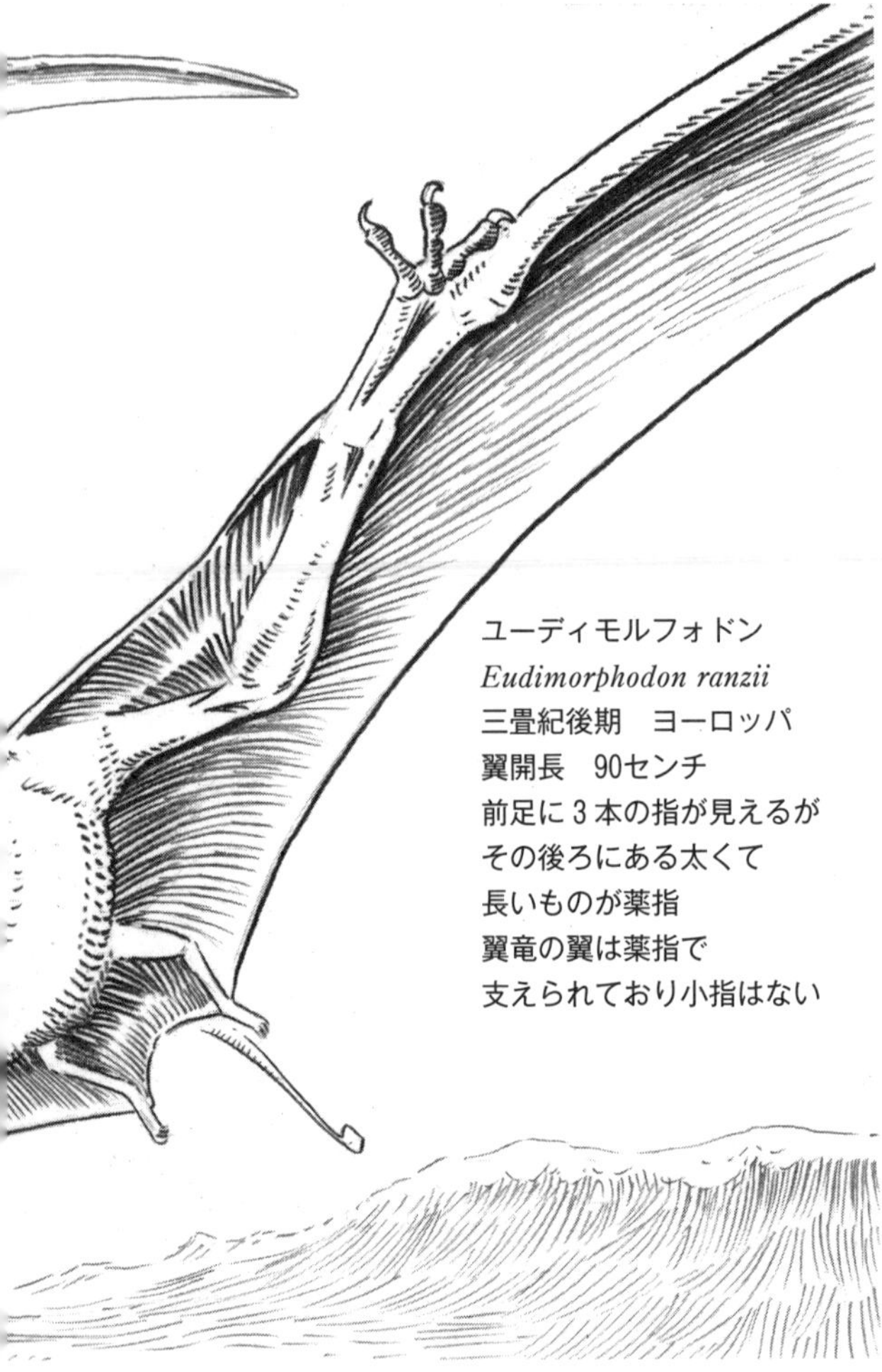

ユーディモルフォドン
Eudimorphodon ranzii
三畳紀後期　ヨーロッパ
翼開長　90センチ
前足に３本の指が見えるが
その後ろにある太くて
長いものが薬指
翼竜の翼は薬指で
支えられており小指はない

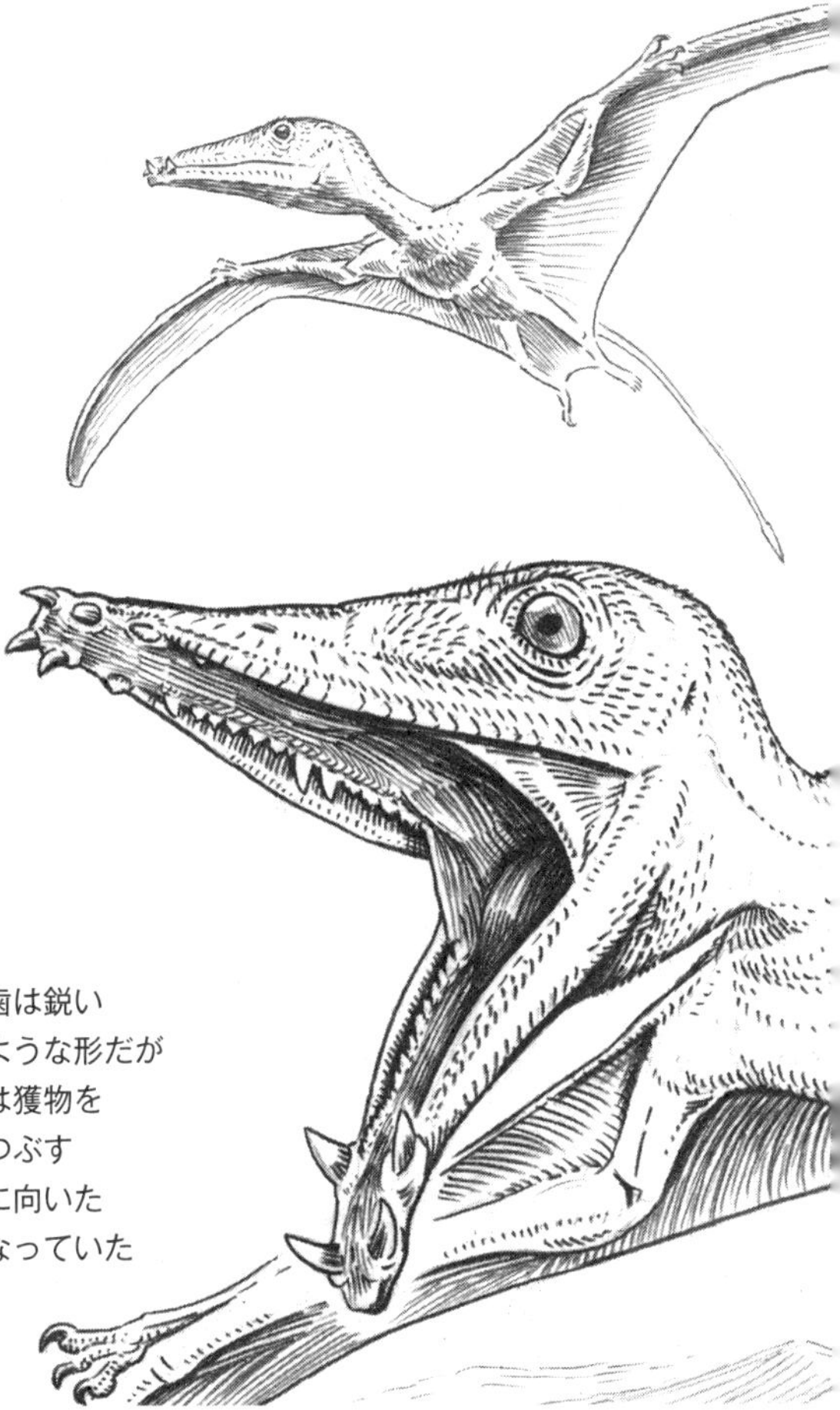

前の歯は鋭い
針のような形だが
奥歯は獲物を
かみつぶす
ことに向いた
形になっていた

ユーディモルフォドン　最古の翼竜

イタリアにはドロミア・ディ・フォルミという地層がある。時代は2億1500万年あまり前。この地層は暖かな海辺でできたもので、海の爬虫類や水辺の動物、陸から流されてきた植物の化石が見つかる。最古の翼竜ユーディモルフォドンが見つかったのもこの地層だった。

翼竜は自在に空を飛ぶ爬虫類であり、これは画期的なことだった。空を飛ぶ爬虫類は当時他にもいたが、それらはいずれもムササビのように滑空する種類だ。翼竜は羽ばたいて空を飛ぶ初めての爬虫類であり、初めて自力飛行をした脊椎動物でもあった。ユーディモルフォドンが出現する以前、空を自由に飛ぶ動物は昆虫しかいなかったのである。

翼竜の最大の特徴は、手の薬指が異様に長く、頑丈になっていることだ。そしてこれが翼の枠組みとなる。ユーディモルフォドンの薬指もそうなっている。胸の骨は広くて大きい。翼である前足を動かす筋肉がつくためだ。足のかかとの関節は恐竜と同じように単純である。翼竜が恐竜の親戚であることは、ここから分かる。ちなみに翼竜も恐竜と同様、体毛を持っていたので、ここではそのように描いている。ユーディモルフォドンからはるか後、1億3000万年後には巨大種プテラノドンが誕生する。そうした子孫たちと比べると、ユーディモルフォドンは小さな動物だった。だがそれでも頭の大きさは9センチ。薬指からなる翼全体を広げると、90センチになった。考えてみれば結構大きな動物だ。

ユーディモルフォドンは長い尻尾を持っていた。6000万年後のジュラ紀になっても、尻尾の長い翼竜ランフォリンクスがいたが、ユーディモルフォドンの姿はこれとよく似ている。ただし違いもある。ランフォリンクスの長い尻尾は骨同士が長い突起で固く噛み合っていたが、ユーディモルフォドンの尻尾はそうではなかった。後の仲間と比べると、尻尾が硬くなかったようである。硬くない尻尾はふらつく。尻尾がバランスを取る器官なら不便だったかもしれない。ちなみに、ユーディモルフォドンの復元画では、尻尾に菱形の尾翼をつけることが多い。これはどうやらランフォリンクスを参考にしたものらしい。尾翼を持っていたという証拠は見つかっていないようなのだが、まあ、あった方が便利には違いない。

ユーディモルフォドンとは、本当にふたつの形の歯という意味で、その名の通り、二種類の歯を持っていた。前歯は鋭い針のような形で、その後ろに尖った突起をいくつか持った歯がずらりと並んでいた。魚を食べていたらしい。少なくともお腹に魚の残骸を入れた化石が見つかっている。当時の魚は鱗が頑丈で、表面が歯と同じエナメル質に覆われていた。おまけに鱗同士が組み合わさってまるで鎧のようになっていたのだ。どうやらユーディモルフォドンは、こういう硬い獲物をごりごりかみつぶしていたようである。

パキプレウロサウルス
Pachypleurosaurus edwardsi
三畳紀前期　ヨーロッパ　全長1.2メートル
初期の首長竜で見た目はほぼトカゲである
しかし首の骨は通常のトカゲの２倍以上で
首長竜の特徴をちゃんと持っている

この時代この地域は海だが
後に陸地化して
先に紹介したプラテオサウルスが
栄えるようになる

パキプレウロサウルス　初期の首長竜はアンバランス

三畳紀。爬虫類は海にも進出した。そのひとつが首長竜である。ここで取り上げるのはパキプレウロサウルス。最も原始的だと思われる首長竜だ。全長は1メートル程度。後の子孫たちに比べるとかなり小さい。パキプレウロサウルスが栄えた時代はおよそ2億4000万年前。先ほどまで見てきた恐竜や翼竜よりも時間を少しさかのぼることになる。場所はヨーロッパだ。三畳紀、地球の大陸はすべて合体していたが、全体として英語のCのような形をしていた。Cのくぼみの部分に海が入り込んでいたが、そこがヨーロッパだったのである。この海を泳いでいたのがパキプレウロサウルスだ。ちなみにこの浅い海はやがて退き、2000万年後には川が流れ、プラテオサウルスが化石となる場所でもあった。

パキプレウロサウルスのパキは厚い、プレウロは肋骨を意味する。サウルスはトカゲだから、厚い肋骨を持つトカゲということだ。パキプレウロサウルスたちの肋骨は厚かった。骨には髄が通っている。肋骨もそうだ。髄を抜けば、肋骨はパイプ状である。このパイプの壁に当たる部分が厚いのだ。骨の壁が厚くなれば重くなる。重くなれば体は沈みやすい。パキプレウロサウルスはこうやって、水中生活にふさわしい重さを実現していたのである。

パキプレウロサウルスの頭骨はトカゲと良く似ている。このことから首長竜はトカゲに近い爬虫類だと分かる。トカゲに似た祖先から進化して間がないせいか、彼らは首長竜にしてはずいぶんおかしな姿をしていた。首長竜なら手足が大きなヒレになっているものだが、手足はさほど大きくない。形もヒレというよりは水かきに近い。見た目はカメの手足のような感じだろうか。さらに尻尾が比較的長く、丈は上下に高い。どうやら泳ぐ時は尻尾が主な推進力になったらしい。泳ぎ方はトカゲに良く似ていたようだ。つまり胴体と尻尾を左右にくねらせて泳いだのだろう。巨大なヒレを羽ばたかせるように泳いだ後の首長竜たちとずいぶん違う。

一方、首長竜らしい部分もある。それは文字通り首が長いところだ。一見するとそう長いようには見えないが、パキプレウロサウルスの首の骨は18個ばかりあった。人間は7個、ワニやオオトカゲが9個であることを考えると、これは数で2倍だ。そもそも水中生活をする動物は通常、首が短くなる。この後登場する魚竜もそうだし、水中生活をする動物ではそれが普通なのだ。パキプレウロサウルスのように首の骨が増えるとか、首が伸びるとか、それは例外的な特徴なのである。これは彼らが首長竜である強烈な証拠と言えるだろう。また、パキプレウロサウルスの歯は鋭い円錐形で口の外へ向かってのびる。これも首長竜の特徴で、魚を捕まえるのに都合が良いものだ。パキプレウロサウルスはトカゲのように身をくねらせ、しかし手足も使って泳いでいた。そして長い首をひらめかせ、鋭い歯で魚を捕らえ、食べていたのだろう。

尻尾には尾ビレがあったが
後の魚竜が持つような
三日月形の
形ではない

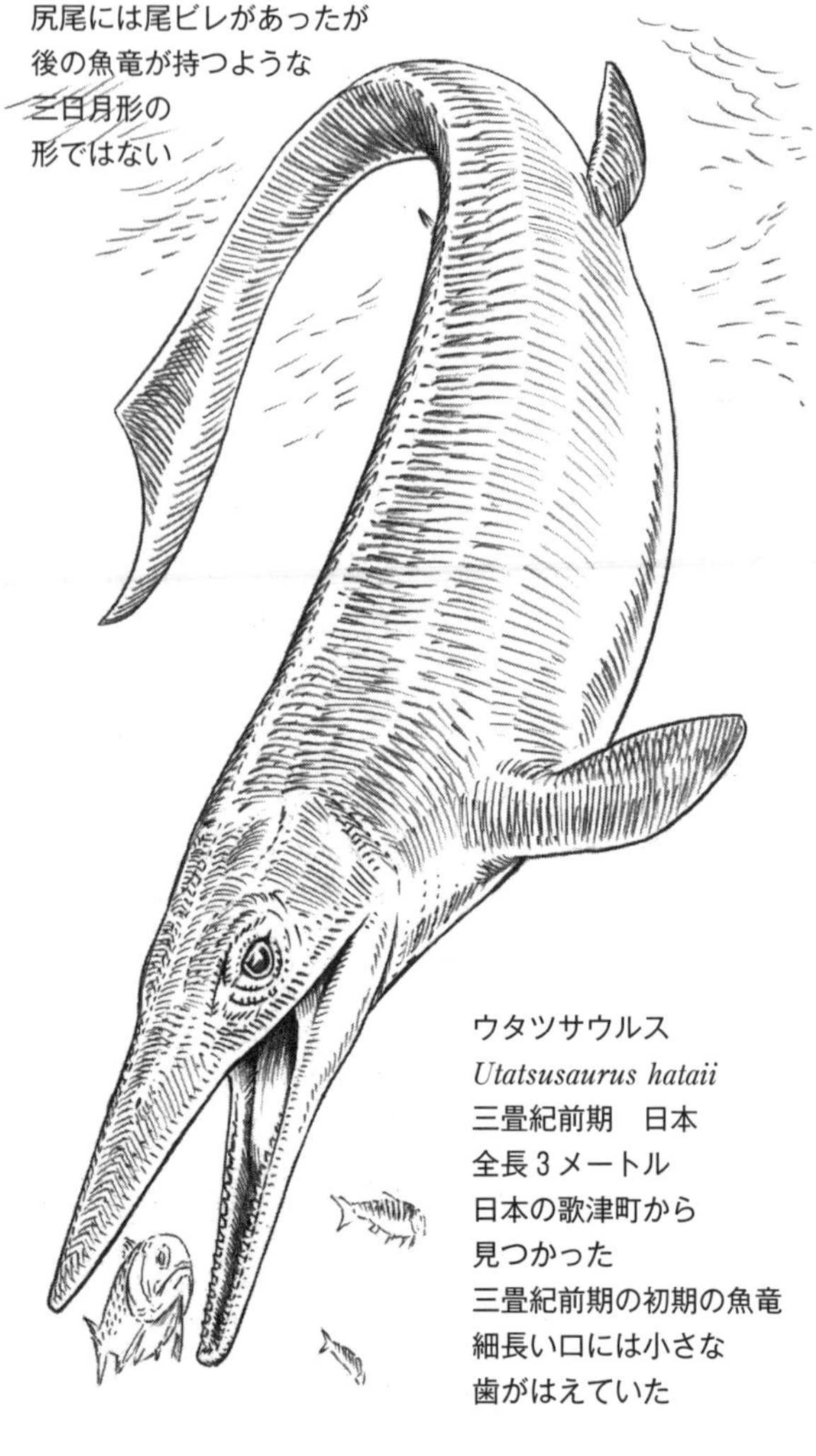

ウタツサウルス
Utatsusaurus hataii
三畳紀前期　日本
全長３メートル
日本の歌津町から
見つかった
三畳紀前期の初期の魚竜
細長い口には小さな
歯がはえていた

ウタツサウルスとショニサウルス　最古の魚竜は日本で発見

首長竜と並んで恐竜時代の海を支配した爬虫類。それが魚竜だ。魚竜は他のいかなる爬虫類よりも水中生活に適応した種族と言って良い。少なくとも見た目はそうだ。なんといっても魚竜の呼び名の通り、魚そっくりの姿に進化したのだから。最古の魚竜は日本から見つかったウタツサウルスである。名前は化石が発見された宮城県の歌津《うたつ》町に由来する。

ウタツサウルスがいた時代は2億5000万年あまり前。ペルム紀末に起こった大量絶滅と生態系の大破壊から数百万年しかたっていない。全長は3メートル。基本的な姿はすでに魚竜である。尖った口先、大きな目、長く丈夫な尻尾。魚竜はその発達した尻尾で水をかいて泳ぐ。ウタツサウルスの尻尾を組み立てると、どうも途中から下へ曲がっていたことも分かった。魚竜の尻尾は下へ曲がる。そして上にヒレが伸びて、全体としてひとつの尾ビレとなる。

せいぜい数百万年の進化でよくここまで魚形になれたものだと感心するが、ウタツサウルスには原始的な部分がいくつもある。例えば体が長めで、ウナギ体型である。あるいは、まだトカゲ体型というべきか。進化した魚竜はむしろマグロやイルカ体型になる。またウタツサウルスは前足、後ろ足がほぼ同じ長さである。進化した魚竜だと前足が大きく、後ろ足が小さい。

頭の形も原始的だ。進化した魚竜は口が細長く尖り、目がやたらと大きくなる。本当に爬虫類なのか疑いたくなるような作りだ。一方、ウタツサウルスの頭は目こそ大きく口も尖っているが、つくりはむしろ普通の爬虫類である。だが、そんなウタツサウルスを調べても、魚竜の祖先がどの爬虫類なのかはよく分からない。魚竜は爬虫類の二大系統であるトカゲと恐竜、そのどちらよりも原始的な爬虫類から進化した可能性がある。

三畳紀は魚竜が巨大化を極めた時代でもあった。ウタツサウルスから3500万年後、舞台はアメリカ、時代は2億1500万年前の海、そこにはショニサウルスがいた。これまでの本では、全長15メートル、お腹がまるまると膨らんだ姿で復元されていた巨大種である。だが2004年にもっと良い化石が見つかり、細長い体型をしていたことが分かった。ウタツサウルスと同様、ウナギ形の体型だったのだ。この化石は見つかった時、川に浸食されて下半身を失っていたが、残された部分から推定すると全長は21メートルに達したようである。断片的に見つかる化石からするとさらに大きいものがいたようだ。全長21メートルはマッコウクジラより大きく、ナガスクジラとほぼ同じだ。

ショニサウルスは現在のクジラより細身だから安易な比較はできないが、巨大クジラたちに匹敵する大爬虫類であることは分かるだろう。巨大化を成し遂げた魚竜だが、これが巨大化のピークとなった。これ以後の魚竜でショニサウルスほどの巨体を達成したものは存在しない。

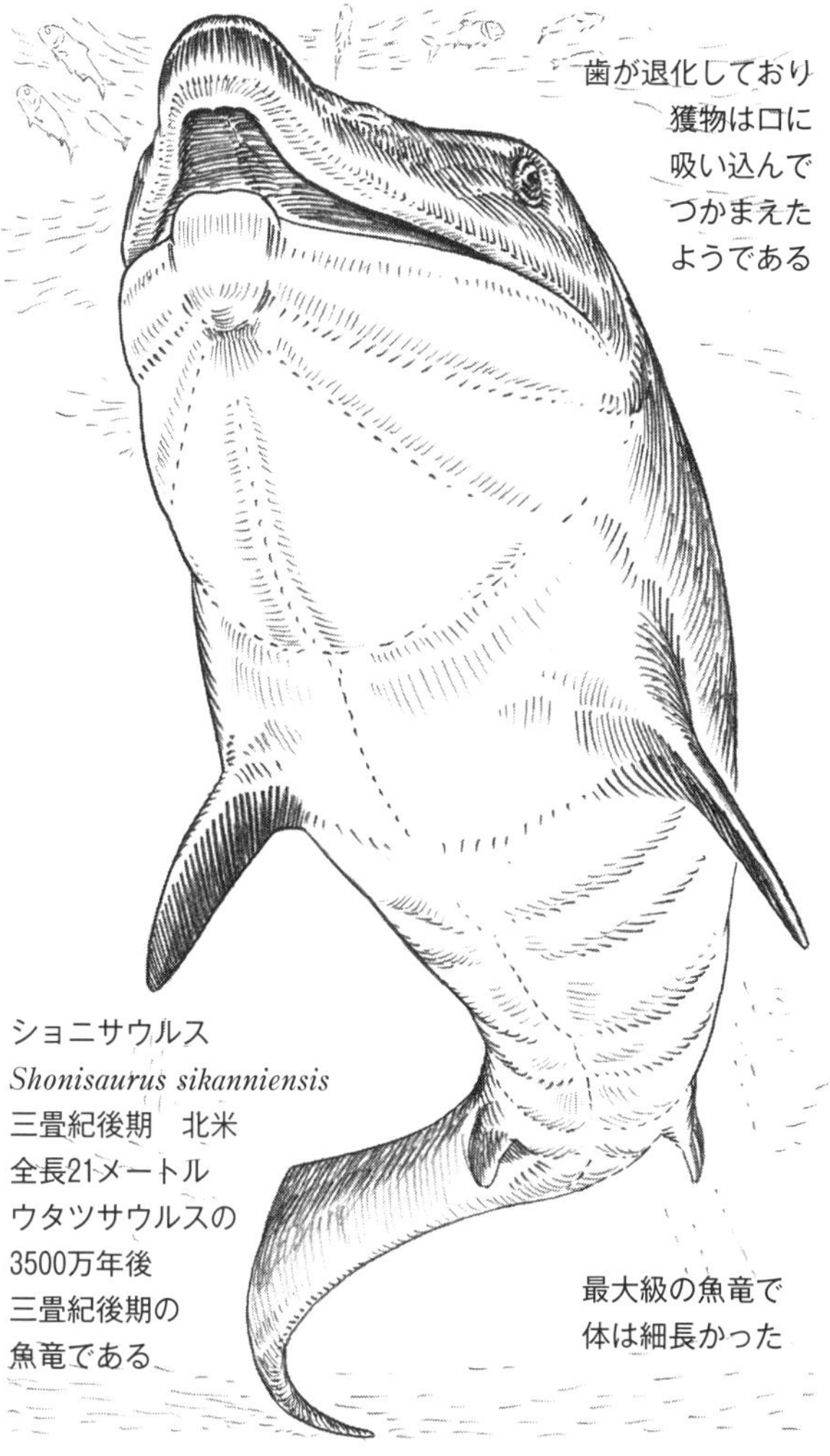
歯が退化しており
獲物は口に
吸い込んで
つかまえた
ようである
ショニサウルス
Shonisaurus sikanniensis
三畳紀後期　北米
全長21メートル
ウタツサウルスの
3500万年後
三畳紀後期の
魚竜である
最大級の魚竜で
体は細長かった

第３章
ジュラ紀　恐竜の巨大化と鳥の登場

†海と陸、さらに空にも進出――2億100万年前から1億4500万年前

三畳紀の終わり、地球は再び大量絶滅に襲われた。第四のビッグファイブである。海で繁栄していたアンモナイトたちが根こそぎ一掃され、2種類がやっと生き残るという大破壊だった。だが恐竜は生き延びた。そうして再び生物は破壊された地上を埋めていくことになる。

ジュラ紀になると、当時唯一の大陸であるパンゲアが分裂を始めた。もっともパンゲア大陸の分裂はジュラ紀の後半に起こるので、生物の顔ぶれは地球のどこでも大体同じである。

さらに海がゆっくりと拡大を始めた。海の拡大は地球の活動が活発で、海底に熱がこもる時に起こる。熱を持った海底は膨張する。海底が膨張するのは、水槽の底が膨らんだようなものだ。つまり水が溢れ出す。大陸の低い場所は溢れた海で覆われた。

この時代のヨーロッパはその大部分が海の底である。おかげでヨーロッパの地層からは、様々な海の生物の化石が見つかる。復活した種々雑多なアンモナイトたち、進化した首長竜に魚竜。しかし陸上動物である恐竜の化石は多くない。

初めて発見された恐竜メガロサウルスはジュラ紀の恐竜だが、その正体はよく分かっていない。それはこれが原因である。ヨーロッパだけでなくジュラ紀の恐竜の様子は分からないことが多い。北アメリカからは恐竜化石がたくさん見つかるが、ジュラ紀が終わる頃のものだ。

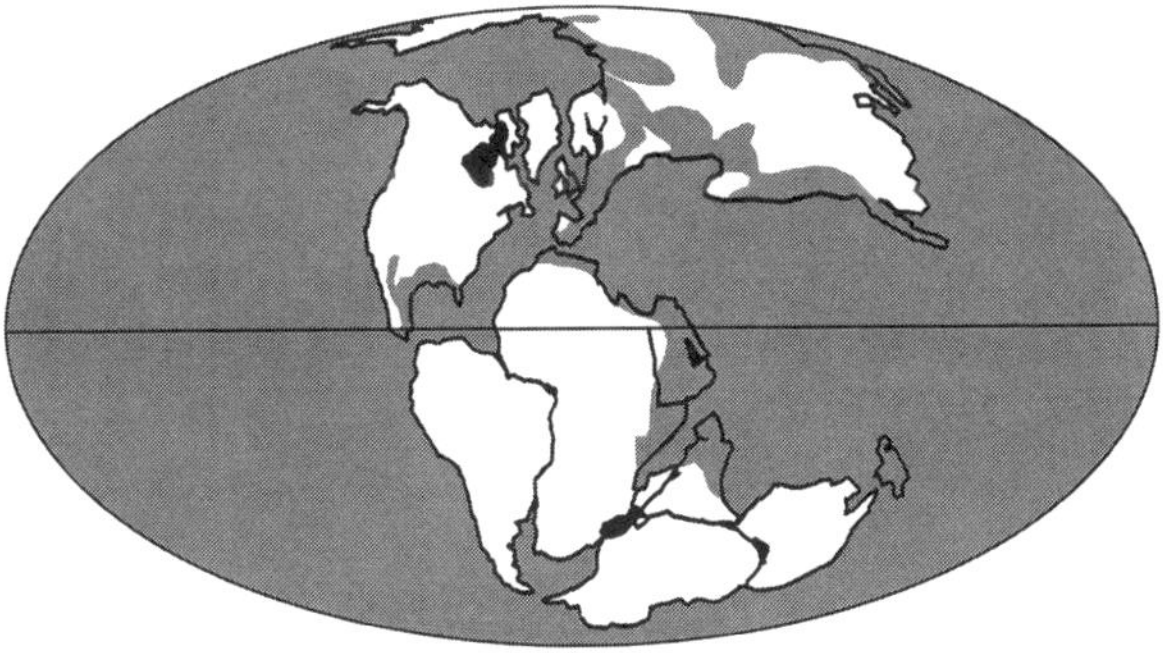

ジュラ紀に入るとパンゲアは分裂を始めた

それでも恐竜進化のおおよそは見て取れる。ジュラ紀の間、ほとんどの鳥盤類は小さな動物のままだった。例外は装甲を持つ鳥盤類で、これはいち早く巨大化に成功した。ステゴサウルスはその進化の頂点である。

大繁栄したのは竜脚形類だ。アパトサウルスやブラキオサウルスなど、超大型種が地上をのし歩いていた。獣脚類、つまり肉食恐竜の歴史はもう少し複雑だ。ジュラ紀の最初はコエロフィシスの仲間が大型化し繁栄した。だが中期になるとメガロサウルスたちが大型種として君臨した。さらに後期になるとその地位はアロサウルス類のものになった。そしてジュラ紀は最初の鳥、始祖鳥が現れた時代でもあった。ついに恐竜が大空へと進出を開始したのだ。

近縁種の化石からすると
ヘテロドントサウルスは
尻尾の中ほどに
長い毛が
生えていた
ようである

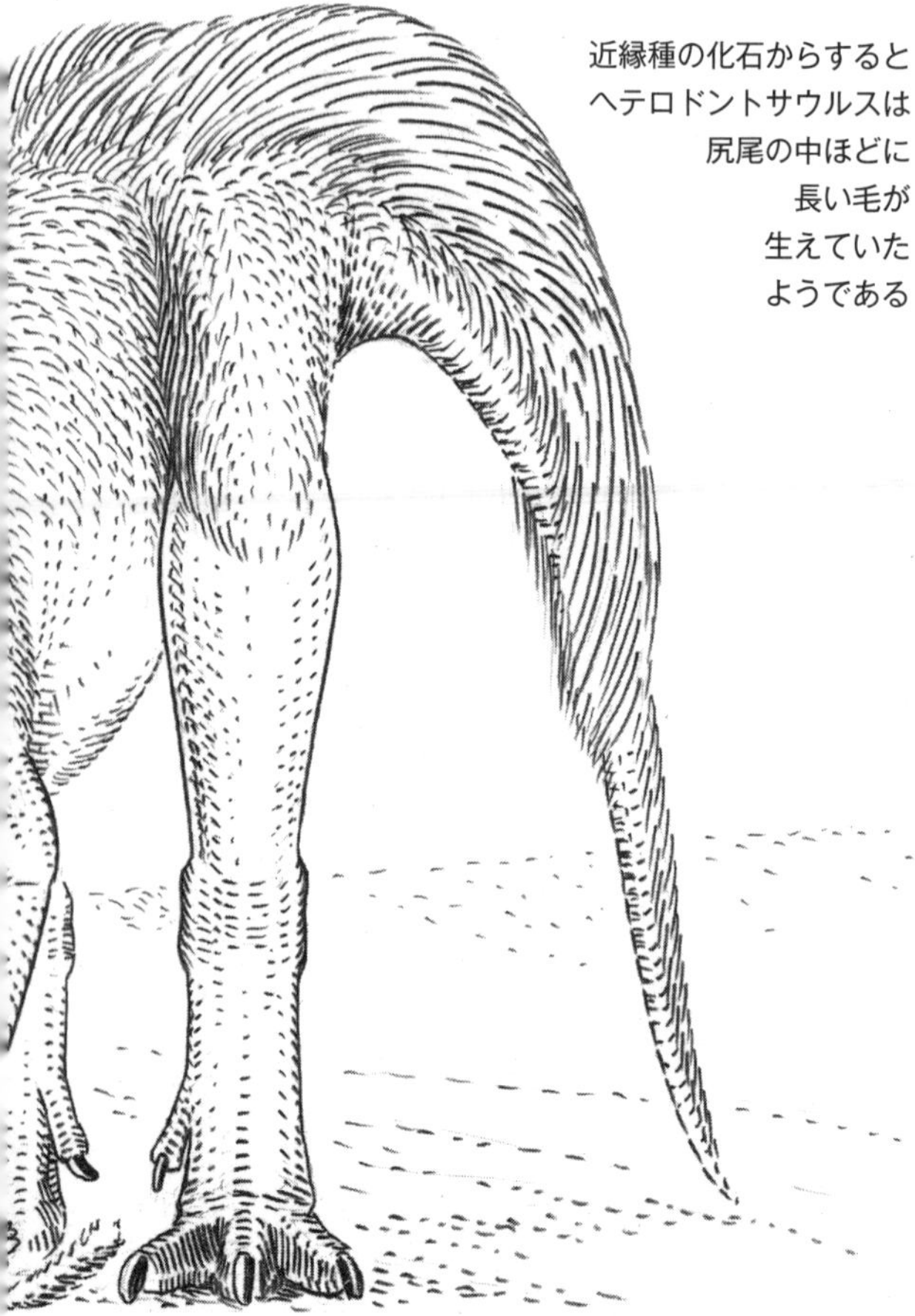

ヘテロドントサウルス　*Heterodontosaurus tucki*
ジュラ紀前期　南アフリカ　全長１メートル
初期の鳥盤類である
鳥盤類は目の前方に眉のような
骨があるので概して
目つきが悪い

鋭い牙とカギ爪を持つために
どんな生活をしたのか議論が
絶えない鳥盤類である
ここでは雑食として復元している
捕まっている哺乳類は
メガゾストロドン
（*Megazostrodon*）

ヘテロドントサウルス　食性を推理する

南アフリカ共和国の中にはレソトという国がある。この両国にまたがって広がる地層がエリオット累層だ。地層の上部が堆積した時代はジュラ紀初期。およそ1億9900万年前。ジュラ紀が始まって200万年程度しかたっていない時代だった。ここから見つかったのがヘテロドントサウルスである。頭の大きさは10センチ、全長は1メートルを少し越える程度。名前の意味は異なる歯のトカゲ。その名の通り前歯は牙状だが、後ろの歯は植物を切ることに向いた木の葉状になっていた。ヘテロドントサウルスは植物を食べる恐竜だった。

ヘテロドントサウルスは鳥盤類だ。鳥盤類は三畳紀にもいた。例えばヘレラサウルスの化石が見つかる地層からピサノサウルスというものが出ている。時代は2億3000万年前。これが最古の鳥盤類だ。しかし見つかったのは下顎や足の一部だけなので、ピサノサウルスについてはあまり詳しいことが分からない。一方、ヘテロドントサウルスは全身の化石が見つかっている。最古の仲間から3000万年ばかり後ではあるが、ヘテロドントサウルスこそ、詳しいことが分かる最初の鳥盤類なのである。見つかった地層は砂丘と、水で運ばれた土砂が堆積してできたものだった。当時ここは乾燥した場所で砂丘があり、時折、川が増水したらしい。それでもたくさんの動物の化石が見つかるが、これは意外なようで意外ではない。現在の地球、それこそ南アフリカの砂漠にも、ゾウやキリンがすんでいる。

ヘテロドントサウルスは後ろ足が長く、身軽に走り回る動物だった。また、前足の指は長く、鋭い爪を持っていた。指の関節もよく曲がる構造である。これは鳥盤類としてはかなり珍しい。この手はどう使われたのだろう。指がよく曲がるとは、手で地面を蹴る構造だとも解釈できる。ヘテロドントサウルスは4本足で走り回る動物かもしれない、そう考える人もいた。

だが、そもそもこの手は特別ではないかもしれない。前に述べたように、鳥盤類と獣脚類は近縁である可能性がある。この場合、ヘテロドントサウルスの手は獣脚類と同じく、物を摑むものだったのだろう。しかし進化した鳥盤類の手は、この能力を失ってしまった。だから特別に見えるだけなのだ。砂漠で植物を掘り起こすことに、この手を使ったのかもしれないし、あるいは小動物を捕まえたのかもしれない。ヘテロドントサウルスは雑食の可能性がある。

彼らの前歯は長い牙状である。この牙は現在のジャコウジカのように仲間同士の戦いに使われたものかもしれない。しかしこの牙、よく見ると縁に小さなギザギザがある。これは獣脚類、つまり肉食恐竜の歯にあるものと同じ。獲物の皮を切断するのに便利なものだ。だからこの歯は動物を食べていた証拠だと解釈できる。そうだとすれば、ヘテロドントサウルスの手は植物を掘り起こすだけでなく、獲物を押さえることにも使われたのだろう。

スクテロサウルス　*Scutellosaurus lawleri*
ジュラ紀前期　北米　全長1.5メートル
装甲を持つ鳥盤類で後のステゴサウルスや
アンキロサウルスにつながる系譜の
最初のものだった

ディロフォサウルス　*Dilophosaurus wetherilli*
ジュラ紀前期　北米　全長６メートル
頭部のトサカは雌雄共にもっていたらしい

ディロフォサウルスは口先が繊細である
獲物を倒す力が弱いとか、だから毒をはいたとか
そういう俗説がまかり通るのはこれが原因
一方で歯が奇妙に大きいので
問題なく大物を倒せたように見える

ディロフォサウルスとスクテロサウルス　カエンタ累層の生活

北アメリカのアリゾナ州にはカエンタ累層という地層がある。この地層ができたのはおよそ1億9900万年前。南アフリカにヘテロドントサウルスがすんでいたのと同じ時代だ。実際、北米のカエンタ累層からもヘテロドントサウルスらしき化石が見つかっているし、他の恐竜の顔ぶれも良く似ている。違いがあるとすれば、カエンタ累層は水が豊富だった点だ。だが西へいくと砂丘の地層になるというから、周囲はやはり乾燥していたようである。

南アフリカと恐竜の顔ぶれが似ている一方で、カエンタ累層だけで見つかった恐竜もいる。それがディロフォサウルスとスクテロサウルスだ。ディロフォサウルスは大型の肉食恐竜、スクテロサウルスは小さな植物食恐竜だった。

ディロフォサウルスの頭骨は、先に登場した三畳紀のコエロフィシスと良く似ている。しかしディロフォサウルスの頭の長さは55センチ。全長は6メートルにも達した。コエロフィシスの頭の大きさは20センチ前後だから、その2倍以上の巨大化である。名前は、二つのトサカを持つトカゲという意味だ。その名の通り、頭の上の左右を縁取る骨が薄く広がって、左右一対、2枚のトサカを作っている。骨の厚みはせいぜい数ミリだから武器ではない。明らかに飾りだ。

雄鶏のトサカのようなものと思えば良い。

それにしても雄鶏のトサカは雌にもてるための器官だ。だがディロフォサウルスはどうもそうではない。ディロフォサウルスを含めて獣脚類は飾りを持つ種類が結構いる。しかしほぼ例外なく、雄雌どちらも飾りを持つようなのだ。現在の鳥で雄と雌が同じ飾りを持つ種類というと、つがいで子育てをする鳥であるが、ディロフォサウルスの性生活はまったくの謎だ。

ディロフォサウルスの食生活は顎を調べれば分かる。ディロフォサウルスは口先が少し突き出し、上顎の骨との間に切れ込みがある。口先で獲物を捕まえ、それから顎の歯で仕留めるのだろう。おそらく自分より小さな獲物を狙ったと思われる。獲物は小さな肉食恐竜かもしれないし、竜脚形類の子供かもしれない。あるいはスクテロサウルスの可能性もある。

スクテロサウルスは顎の断片や体の骨の一部が見つかっている。顎の断片は長さ6センチ、木の葉状の歯があり、植物を食べていたことが分かる。頭全体の大きさは多分9センチぐらい。注目すべきは鋲のような装甲板をたくさんもっていたことだ。これはパンクロッカーの衣装のごとく、鋲として体にびっしり張り付いていたらしい。おそらくスクテロサウルスは、後に現れるステゴサウルスなど、装甲を持つ恐竜の祖先だったのである。スクテロサウルスの全長は1・5メートルほど。ディロフォサウルスからすれば手頃な獲物だ。スクテロサウルスの装甲板は、こうした敵から身を守る働きをしたことだろう。

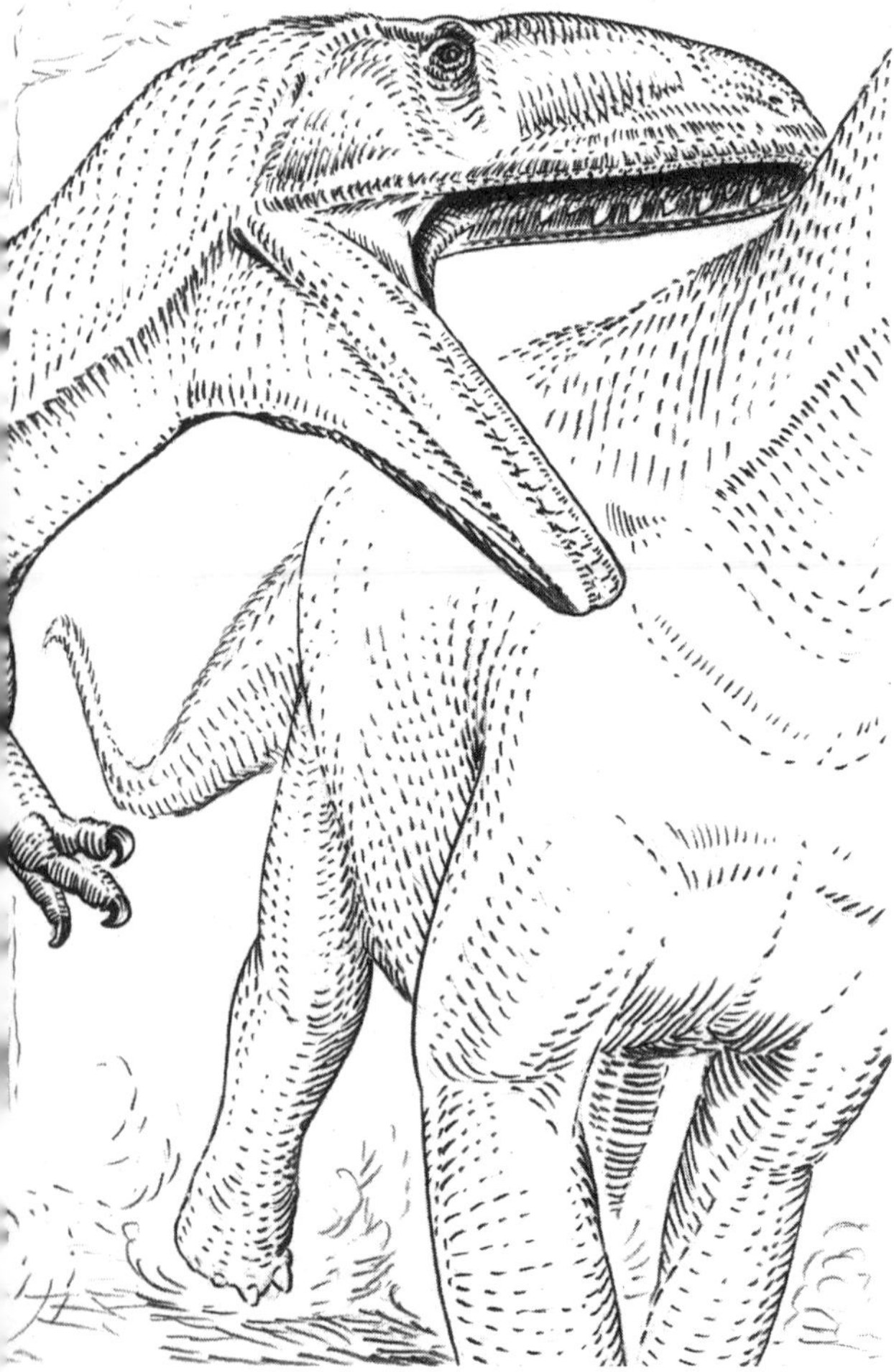

メガロサウルス　*Megalosaurus bucklandi*
ジュラ紀中期　ヨーロッパ　全長8メートル
最初に発見された恐竜にして
最初に見つかった肉食恐竜でもある
場面は竜脚形類ケティオサウルス（*Cetiosaurus*）の
若い個体に襲いかかるところ

メガロサウルスの狩りは
後で登場する
アロサウルスと基本的に
同じだったらしい

メガロサウルス　最初に発見された肉食恐竜

英国オックスフォードにはストーンフィールド・スレートという岩石がある。これができたのはジュラ紀中期1億6700万年前。ディロフォサウルスから3200万年後のことである。この岩石からはアンモナイトの化石も見つかるから、海でできたものだ。しかし海の生物だけではない。陸から流されてきた恐竜の化石も見つかる。そのひとつがメガロサウルスだ。

メガロサウルスは最初に発見された恐竜だ。報告は1824年。見つかったのは下顎や腰、足の骨の一部など。歯も残っており、それは後ろに曲がった薄いナイフ状で、縁には細かいぎざぎざがついていた。現在の肉食のトカゲの歯と良く似た作りだ。メガロサウルスが肉食であることがよく分かる。下顎は長さ30センチ。ただし後ろが壊れていた。残っていたのは下顎全体の3分の1か4分の1だから、頭の大きさは1メートルを越えただろう。全長は8メートル。3200万年前のディロフォサウルスと比べて、さらなる巨大化を実現した姿だ。

メガロサウルスは扱いが難しい恐竜でもある。肉食恐竜であることは間違いない。ディロフォサウルスよりも進化していることも間違いない。反対に後で登場するティラノサウルスよりも原始的であり、アロサウルスよりも原始的である。これも間違いない。メガロサウルスの立ち位置は、このようにおおよそ分かっている。しかし問題はそこから先であった。メガロサウルスをメガロサウルスたらしめる根拠と手がかりは何か？

例えばディロフォサウルスなら頭の上にトサカがある。ティラノサウルスなら吻部に対して顕著に拡大した後頭部。アロサウルスなら目の上に三角の突起がある。それぞれの恐竜には、これぞこの恐竜の特徴だという手がかりがある。だがメガロサウルスの化石にはそれがちょっと見当たらない。少なくとも1824年に報告された化石にはないのだ。

現状ではストーンフィールド・スレートから見つかる他の化石が頼りだ。1824年の報告以来、ここからは他にいくつもの巨大肉食恐竜の化石が見つかっている。それはどれもばらばらの骨だ。どこかで死んで川に流され、遺骸が分解してばらばらとなり、海にたどり着いて沈んだものだろう。見つかった肉食恐竜の骨は、どうも全部同じメガロサウルスであるらしい。そして分かってきたメガロサウルスの姿とは、次のようなものである。メガロサウルスの頭はどっちかというと長めの作りだった。前足はかなり短いが、作りは頑丈だ。メガロサウルス独自の特徴も見つかった。それは1824年の時には見つかっていない部位にあったのだ。

ストーンフィールド・スレートから見つかった恐竜は、そのほとんどがメガロサウルスである。だが他に小さな鳥盤類の化石と、大型の竜脚形類も見つかっている。メガロサウルスはこうした恐竜を獲物にしていたのだろう。

クリンダドロメウス　羽毛恐竜のエポック

　ロシア、バイカル湖から東へ380キロにあるチタの町。さらに東へ220キロいったクリンダの地層から見つかり、2014年に報告された恐竜がクリンダドロメウスである。まだ正確に分かっていないが、1億6900万年前から1億4400万年前、ジュラ紀中期から後期。ヘテロドントサウルスから数えて、3000万から5500万年後の鳥盤類である。

　クリンダドロメウスの見た目は、はるか数千万年前のヘテロドントサウルスとほとんど変わっていない。全長は1・2メートル。小さく身軽で足が長い。鳥盤類恐竜はジュラ紀の間さほど発展せず、概して小さな動物のままだった。先行して巨大化を達成した竜脚形類に押された結果かもしれない。ぱっとしないクリンダドロメウスだが、それでも特筆すべき恐竜だ。

　なぜならこの鳥盤類の化石には羽毛が残っていたのである。羽毛は生える箇所によって長さも形も様々で、鱗で覆われている部位もあった。羽毛らしきものを持つ鳥盤類はこれよりも前に見つかっていた。だが、羽毛みたいな変な何かでしかなかったため、鳥盤類は真の羽毛を持たないと思われていたが、この発見ですべての恐竜が羽毛を持つことがほぼ確実となったのである。クリンダドロメウスは恐竜研究史の中で大きな存在となるだろう。

クリンダドロメウス
Kulindadromeus zabaikalicus
ジュラ紀中期〜後期　ロシア東部
全長1.2メートル

鳥を見れば恐竜も
羽毛と鱗を
持っていたと予測はつくが
クリンダドロメウスから
分かった羽毛と鱗の有様は
思った以上に複雑だった
上腕部には束になった毛が
生えており
脛には長い羽毛があった
足は鱗で覆われていたし
尻尾には左右一対
２列になった大きな鱗が
並んでいた

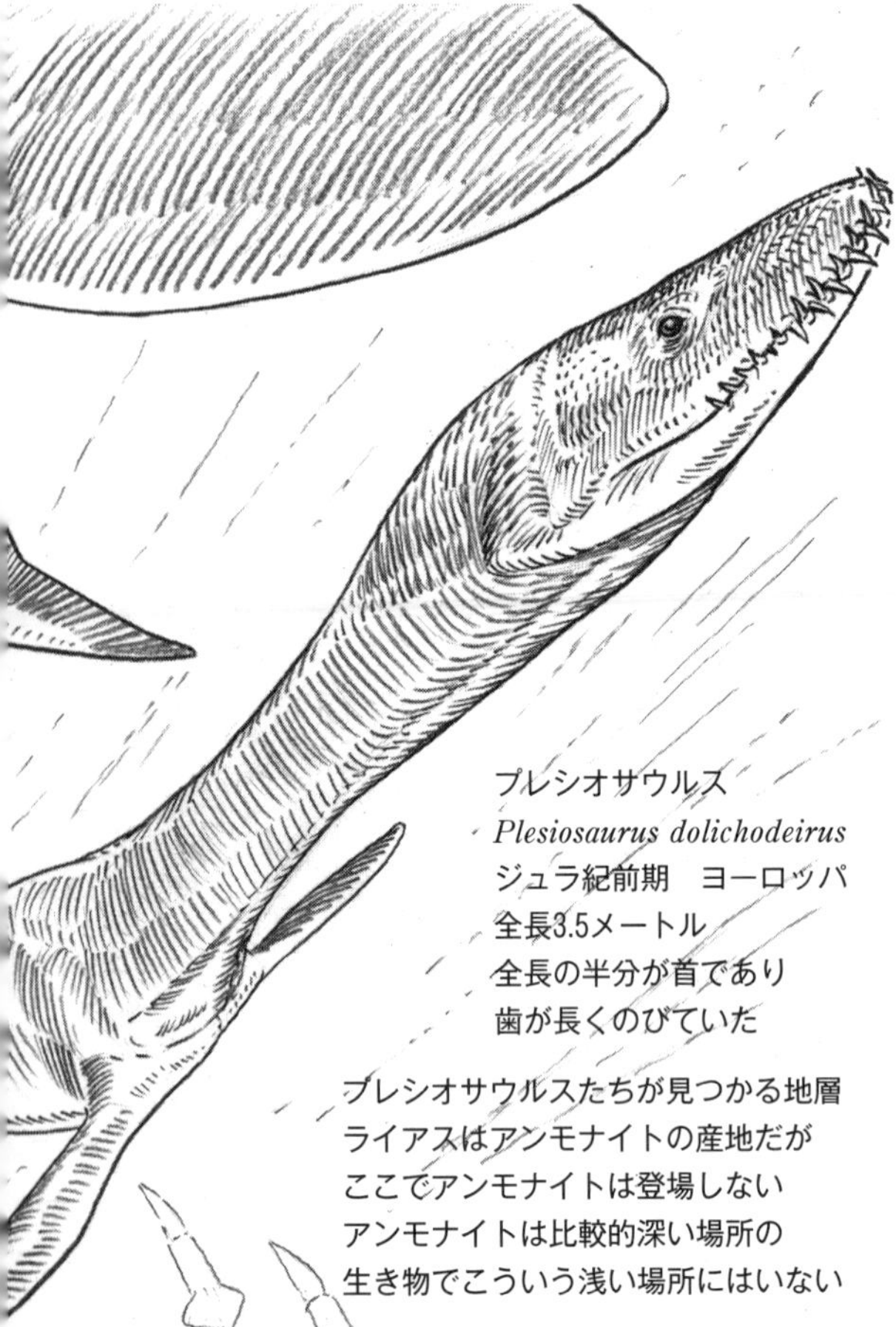

プレシオサウルス
Plesiosaurus dolichodeirus
ジュラ紀前期　ヨーロッパ
全長3.5メートル
全長の半分が首であり
歯が長くのびていた

プレシオサウルスたちが見つかる地層
ライアスはアンモナイトの産地だが
ここでアンモナイトは登場しない
アンモナイトは比較的深い場所の
生き物でこういう浅い場所にはいない

深みへ潜る
イクチオサウルス
巨大な目は
暗闇で獲物を
見つけるための
ものだった

イクチオサウルス
Ichthyosaurus communis
ジュラ紀前期
ヨーロッパ
全長2メートル
深海に潜って
狩りをしたらしい

プレシオサウルスとイクチオサウルス　首長竜の狩猟法

ここで目を海に転じてみよう。時代を少しさかのぼって1億9500万年前、ジュラ紀前期。イギリスの南海岸には、ライアスと呼ばれる地層が存在する。海で堆積した地層で、アンモナイトの化石がたくさん見つかることで有名だ。最近ではジュラシック・コースト、つまりジュラ紀海岸とも呼ばれている。アンモナイトだけではない。この地層からはジュラ紀の海にすんでいた爬虫類の化石も見つかるのだ。それがプレシオサウルスとイクチオサウルスだ。

まずプレシオサウルスから説明しよう。プレシオサウルスは首長竜であり全長が2～3・5メートルほど。首の骨の数は35。5000万年前の三畳紀にいたパキプレウロサウルスは18個だったから、その数、実に2倍。プレシオサウルスは全長のほぼ半分が首だった。まさに首長竜の名前に恥じぬ体型だ。

水中動物のほぼすべては首が短い。それを考えると首長竜はかなりの異形だ。首長竜はこの長い首をどう使ったのだろう？　首長竜の首は自在に曲がるというよりは、むしろたわむように動いたようだ。また、首の動きは先端に近いほどしなやかになったらしい。ただし、左右と上には曲がりにくい。下へは曲がる。おそらく首長竜は魚釣りの要領で下方にいる獲物を襲った。さらにプレシオサウルスは手足のヒレが細長かった。そのプロポーションは翼で言うとカモメなどに近い。空中と水中の違いはあれど、プレシオサウルスはカモメなどと同じく巡航型の動物だった。つまりゆったりと長距離を移動しながら獲物を探すタイプである。

プレシオサウルスという名前には、近いトカゲという意味がある。何が近いのかさっぱり分からないが、イクチオサウルスよりはトカゲに似ているという意味なのだそうだ。同じ地層ライアスから見つかったイクチオサウルスは、最初のうち爬虫類とは考えられなかった。爬虫類ばなれしたその姿ゆえに、爬虫類と両生類の中間生物だと考えられていたのである。

イクチオサウルスは全長2メートル程度。その名の意味は魚トカゲ。文字通り、魚の姿をした爬虫類だ。イクチオサウルスはイギリスのライアスで見つかったのが最初だが、体や輪郭まで残した保存の良い化石がドイツで見つかった。それを見ると尻尾はマグロのように三日月形で、背ビレまで持っていたことが分かる。これは長距離を泳ぎ続ける巡航型の特徴だ。

そういう意味ではプレシオサウルスと似ているかもしれないが、生活はまるで違っていた。イクチオサウルスは巨大な目を持つ。どうも彼らは大深度潜水を行い、暗い深海で獲物を追ったようである。その骨には潜水病の痕が残っているものがあるのだ。潜水病は圧力の高い大水深から急浮上した時に起こるもの。つまり深海狩りの証拠なのである。現在の地球では数多くの動物が大深度潜水をして深海で狩りを行うが、イクチオサウルスはその先駆者だったのだ。

ハックスリー博士は鳥的な特徴を持つことから
メガロサウルスとスケリドサウルスを同じグループとした
これがオルニソスケリダ
直訳すると鳥スケリドサウルス類である

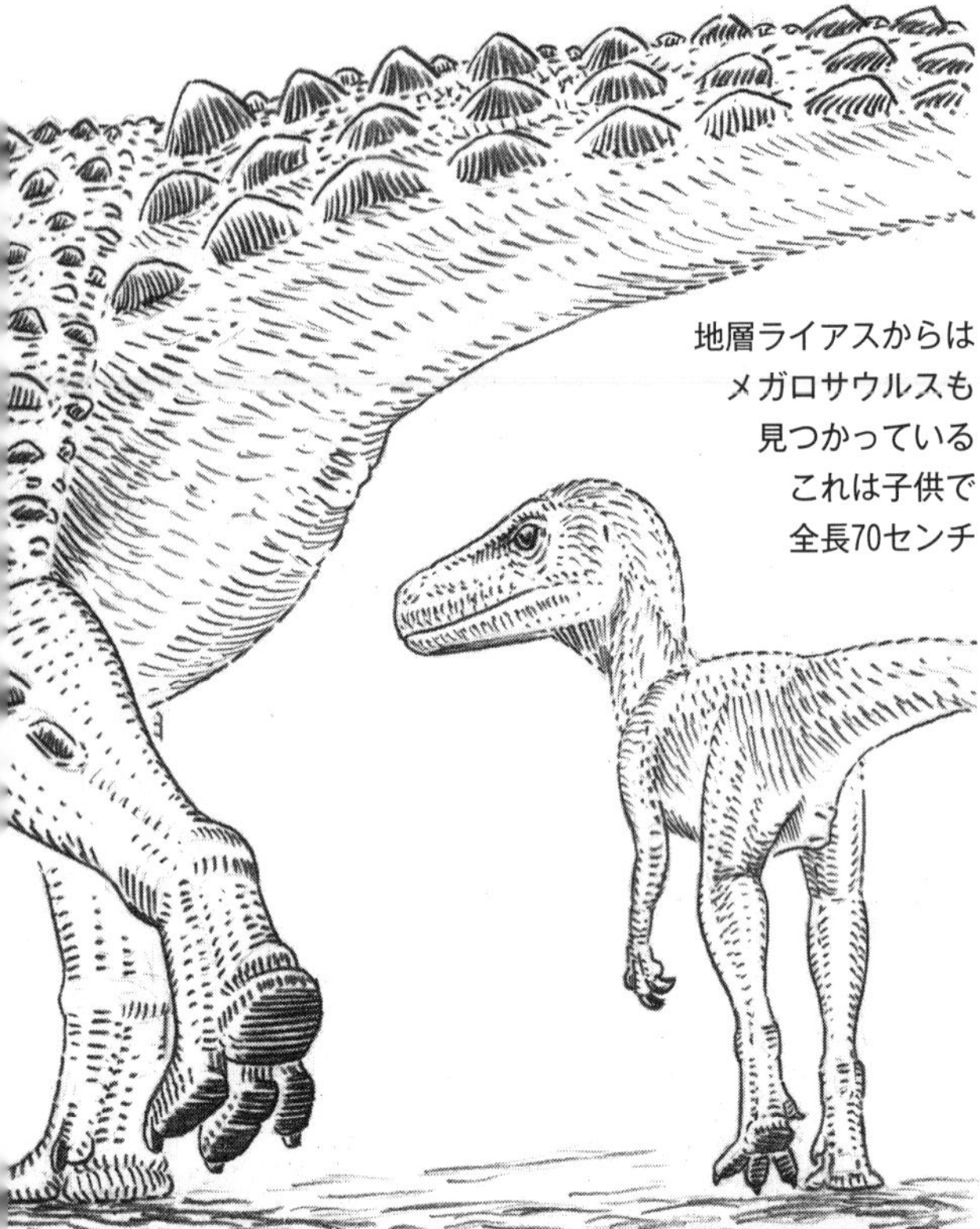

地層ライアスからは
メガロサウルスも
見つかっている
これは子供で
全長70センチ

スケリドサウルス　*Scelidosaurus harrisonii*
ジュラ紀前期　イギリス　全長4メートル
おおまかに言うとスクテロサウルスの子孫
19世紀の発見当時
ずっしりとした後ろ足は印象的で
さらに研究者ハックスリーは
スケリドサウルスの後ろ足に鳥と同じ
特徴があることに注目した

スケリドサウルス　400万年で3倍に巨大進化

プレシオサウルスとイクチオサウルスが見つかるイギリスの地層ライアス。海でできた地層だが、まれに陸から流されてきた恐竜も見つかる。それがスケリドサウルスだ。発見は1860年。恐竜で最初に見つかったメガロサウルスが1824年、それに続いたイグアノドンの報告が1825年だから、これらより35年ばかり後のことだ。だがスケリドサウルスは全身の骨が見つかった。当時、スケリドサウルスは最も保存の良い恐竜化石だった。

スケリドサウルスの全長は4メートル。顎についた歯は木の葉状だから、植物を食べていたことが分かる。骨の特徴から鳥盤類。発見当時の化石の様子をみると頭と尻尾が見えており、胴体は堆積物に埋まったままで、後ろ足が突き出ている。なんかこう、恐竜を衣で包んで天ぷらにしたみたいな感じだ。現在では堆積物はすっかり取り除かれて、すべての骨が見えるようになっているが、当時、突き出た後ろ足の様子は印象的だった。後ろ足の構造は鳥に似ていて、しかしはるかに頑強である。名前のスケリドサウルスも、足のトカゲという意味だ。

さらに当時の研究者ハックスリー博士は、すでに見つかっていたメガロサウルス、イグアノドン、スケリドサウルスをまとめてひとつのグループにすることを提案した。メガロサウルスは肉食恐竜、つまり獣脚類だ。一方、イグアノドンとスケリドサウルスは鳥盤類である。この試みは獣脚類と鳥盤類をまとめるものである。つまりはこの本の最初で述べた2017年の新論文と同じ試みなのだ。ハックスリー博士の提案は2017年の論文を150年ばかり先行していたとも言えるだろう。このグループの呼び名はオルニソスケリダ。2017年の論文もこの名称を採用している。オルニソスケリダを直訳すれば鳥スケリドサウルス類となる。スケリドサウルスは、足の印象ゆえにグループの呼び名となったのだった。

スケリドサウルスの化石には装甲板が残っていた。先に登場したスクテロサウルスと似たものだがはるかに大きい。実のところスケリドサウルスはスクテロサウルスの仲間なのである。スクテロサウルスは1億9900万年前。スケリドサウルスは1億9500万年前。1・5メートルのスクテロサウルスに対して、400万年後のスケリドサウルスは全長4メートルの巨体へと進化していた。体重も重くなり、後ろ足だけでなく前足も使って歩く四足動物である。

先にクリンダドロメウスのところでジュラ紀の鳥盤類恐竜は概して小さくぱっとしないと述べた。しかしこれには例外がある。スクテロサウルスから進化した装甲板を持つ鳥盤類たち。彼らはいち早く大型化に成功したのだ。それがなぜなのかは分からない。たまたまなのか装甲板という防御力があったおかげなのか？　いずれにせよ彼ら装甲を持つ恐竜の巨大化はジュラ紀末、ステゴサウルスという形で頂点を迎えることになる。

ステゴサウルス
Stegosaurus stenops
ジュラ紀末　北アメリカ
全長８メートル
ジュラ紀の鳥盤類としては
例外的に大きくなった
背中には板状の装甲が
のどにはボタンのような
小さな装甲板が並んでいた

背景に見えるのはソテツの仲間
恐竜時代はソテツが
おおいに栄えた時代で
ステゴサウルスはこれを食べたらしい

尻尾についたスパイクは
防御に使われた
ステゴサウルスのスパイクに
貫かれたらしき
アロサウルスの骨が見つかっている

ステゴサウルス　背中の大きな板は何のため?

今度の舞台は北アメリカのモリソン累層。この地層ができたのはジュラ紀の終わりである。1億5200万年前、スケリドサウルスから3900万年後のことだ。当時の北米は乾燥気味で、針葉樹の森とソテツのやぶが広がっていた。ここにステゴサウルスがすんでいた。

ステゴサウルスとは屋根のトカゲの意味。確かに屋根を思わせる広い装甲板が背中にずらっと並んでいた。装甲板を持つことから分かるように、スケリドサウルスの仲間であった。しかし全長は8メートル、スケリドサウルスの実に2倍だ。ステゴサウルスは仲間の中では最大だった。大きさだけで判定するのなら、種族の歴史として絶頂期を迎えたことになる。

ステゴサウルスの近縁種には色々なものがいた。彼らはいずれも背中に板のような装甲を持つが、背中の板は種類によって形や大きさがずいぶん違う。小さいものや三角のもの、あるいは板ではなく巨大なトゲになっているものもいる。ステゴサウルスの板は特に巨大で、高さと幅が1メートルに達する。これは一体何のためにあるものなのか?　身を守る防具だと考える人もいるが、板は背中に立っていて、脇腹がまったく無防備だ。

巨大な板はひなたぼっこに使われたという説もある。板の表面には血管が通る溝が残っていた。板を太陽に向ければ、表面を走る血管に熱が伝わって、暖まった血液が体のすみずみまで運ばれる。夜の間に体が冷えても、すみやかに暖まっただろう。この説は根強いが、説明のつかない点がある。ひなたぼっこで体を温めるというような、生活密着の必要不可欠な機能なら、仲間のすべてが持っているだろう。だが巨大な板を持つのはステゴサウルスだけである。

ステゴサウルスの板に関する一番単純な説明は、格好いいからというものだ。ふざけた説明のようだが、動物にとって仲間から格好よく見られることは重要だ。格好が悪いともてず、子孫を残せずに死ぬ。残るのは格好いいもので、必然的に格好いい動物が進化する。これなら種類によって板の形が違うことも説明できる。何が格好いいかは種族によって違うだろう。

ステゴサウルスには明白な武器もあった。尻尾の先にある左右2本ずつ、合計4本のスパイクがそれだ。これは大きなものだと長さ60センチあまり、太さが10センチに達する。尻尾を振って相手に叩き込めば恐ろしい武器になったことだろう。実際、これによって尾の付け根を貫かれたと思わしきアロサウルスの化石が見つかっている。

ステゴサウルスは植物食の恐竜だった。後ろ足で立ち上がって高い場所の葉っぱを食べたという説もある。だがこの説は具体的な根拠がない。ステゴサウルスは首が短く、口の届く高さが2〜3メートルであった。これを考えると、ステゴサウルスはソテツを食べたようである。もっと高い場所の葉は、この次に登場する竜脚形類たちのものだったのだ。

アパトサウルス
Apatosaurus louisae
ジュラ紀末　北アメリカ
全長18メートル
アパトサウルスは首の長さだけで６メートル
首は自在に動き
左右それぞれ４メートル
高さ６メートルの範囲の植物を
食べることができた

アパトサウルス　消えたブロントサウルス

　ジュラ紀末の北アメリカで繁栄したステゴサウルス。全長8メートルのこの鳥盤類がまるで子供にしか見えない巨大恐竜が当時存在した。それが全長18メートルのアパトサウルスである。この時代、竜脚形類は巨大化を極めていたのだ。

　ところで、これを書いている私が子供の頃、恐竜図鑑を開くとブロントサウルスという恐竜がいた。だが、この呼び名は今では消えている。名前が変わってアパトサウルスになっているのだ。子供の頃に好きだった恐竜の名前が変わってしまい、ショックを受ける人もいる。これは深刻な話であるから、ちょっと寄り道して、まずはブロントサウルスの物語を語ろう。

　ブロントサウルスはなぜ消えたのか？　この混乱の原因はマーシュ博士にある。マーシュ博士は19世紀に活躍したアメリカの古生物学者だ。博士はとにかくせっせと恐竜を発掘して報告する人であった。あまり詳しく調べないまま、次々に新種だと発表するのである。

　例えば1877年。マーシュ博士は新種の巨大竜脚形類アパトサウルスを報告した。これはまだ若い恐竜であった。そして1879年、博士はまたもや新種の竜脚形類ブロントサウルスを報告する。ブロントサウルスの方が良い化石だったからこれが有名になった。

だが1903年、別の研究者が化石を詳しく調べて、この2種類の恐竜が同じものだと気がついた。アパトサウルスは若い恐竜で骨が成長し切っていない。一方、ブロントサウルスはすでに成熟した大人であった。だから骨が成長し切って腰の骨が融合している。両者の違いは実のところこれだけ。つまり同じ恐竜の子供と大人だったのである。二つが同じものなら、先につけられた名前が有効となるのが決まりだ。こうして先につけられたアパトサウルスが有効となり、ブロントサウルスが無効となって消えたのだ。

でもここで首をかしげる人もいるであろう。これが分かったのは1903年だと言う。だが私たちはほんの30年ばかり前、ブロントサウルスに親しんでいたのではなかったか？　実は、ブロントサウルスが無効であるという情報は、100年近く一般に広まらなかったのである。学者の世界では受け入れられていたのだが、博物館の展示や一般向けの本ではずっとブロントサウルスのままだったのだ。

これがブロントサウルスの物語だ。しかしこれには続きがある。2015年になってブロントサウルスはアパトサウルスと違う！　という論文が出た。これが正しいのならブロントサウルスの名は有効となり、復活する。一部の人は沸き立った。ブロントサウルスが100年ぶりに帰ってきた！　そう書き立てる人もいたのだが、実際はどうだったのだろう？

自分がこの論文を読んでみた限り、ブロントサウルスが有効という根拠はどうにも弱い。論文によればブロントサウルスが有効である根拠は、胴体を支える背骨にある。その突起の先端がそり返っていること。この違いに基づけば、たしかにブロントサウルスはアパトサウルスとは違う。ブロントサウルスは有効となり、名前も復活する。

だが生物の特徴はしばしば相矛盾した結論を指し示す。例えば論文が併記するように、これに反する証拠があるのだ。彼らの胴体を支える背骨には、骨を強化する板のような構造がある。この特徴に基づいて考えれば、ブロントサウルスはやはりアパトサウルスとなってしまうのだ。

これを聞いて皆さんはどう思われるであろうか？　よく分からないと思うかもしれない。あるいは、こんなささいな違いでしか区別できないのか？　と驚くだろう。私が思うに、取りあえず現状維持で良いのではないだろうか。つまりブロントサウルスはアパトサウルスのままで良い。少なくとも証拠がもっと増えない限り、二つを区別する必要はないだろう。

では、ブロントサウルス改め、アパトサウルスの物語を始めよう。アパトサウルスがいたのは1億5200万年前の北アメリカだ。全長18メートルは三畳紀の竜脚形類プラテオサウルスの実に2倍。6000万年でここまで巨大化したのだ。アパトサウルスは首だけで6メートルもあった。

通常、アパトサウルスは、この首を水平やや下向きに伸ばしていた。骨格を組み上げると自然とそうなる。アパトサウルスは後ろ足で立ち上がり、高い木の葉っぱを食べると考えた人も

80年代には竜脚形類をキリンのように
復元することが流行った
例えばイラストのように
首を付け根から90度曲げて直立させた
復元図が描かれたのである
もちろんこれは無理な姿勢だ
だがこの姿勢は不可能だと指摘したら
今度は竜脚形類の首は上に
あがらないという勘違いがはびこった
人間は単純な理解を好むので
複雑な事実よりは
単純な間違いを選ぶことがある
これはそういう事例である

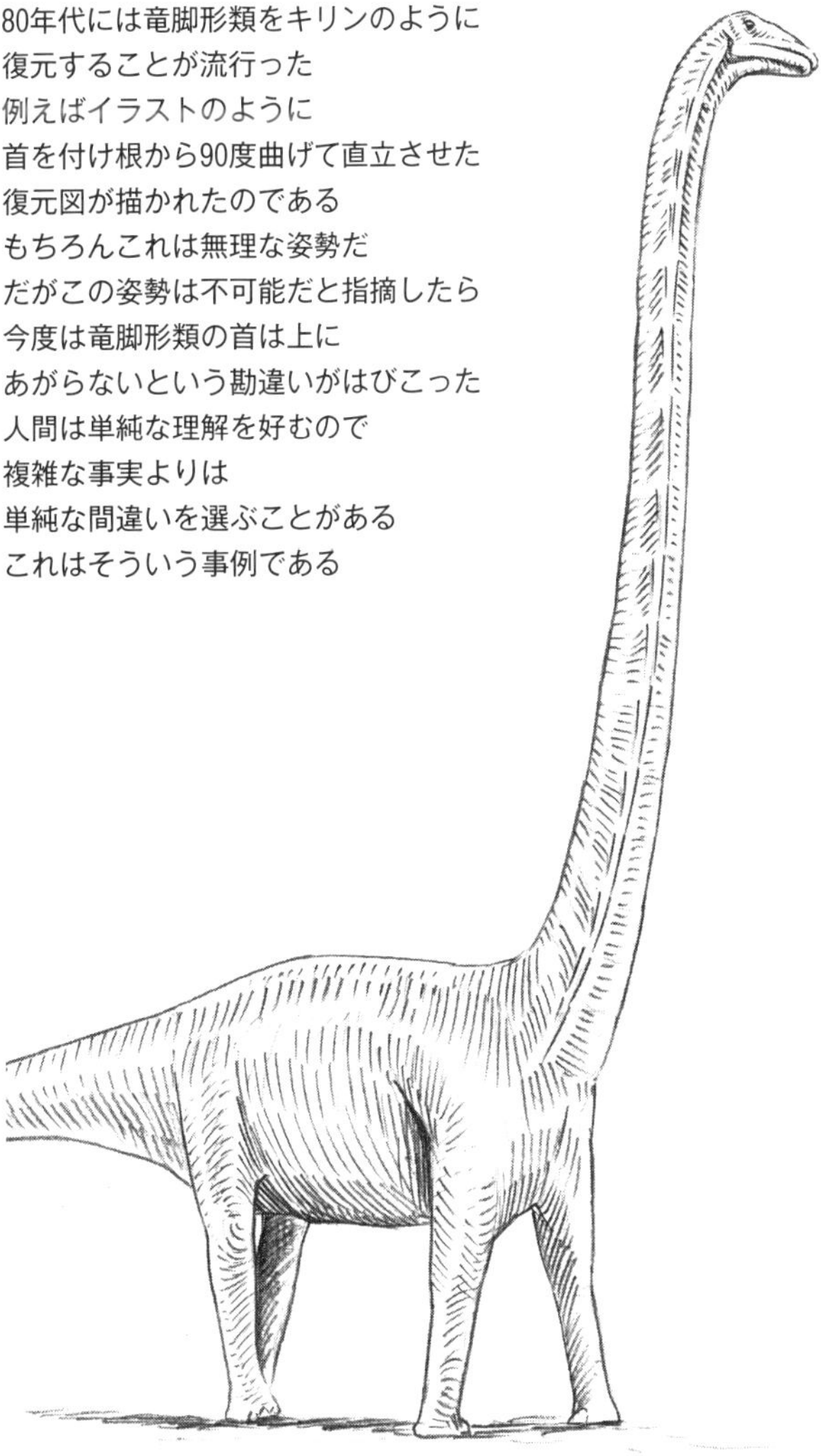

いた。だがこれには具体的な根拠がない。多くの研究者が考えているのは、アパトサウルスは首を左右に動かして地面に生えている植物を食べたというものだ。アパトサウルスの首の関節はボールジョイントになっていた。ボールジョイントというとかなり自由に動く仕組みである。首の動きをシミュレーションすると、アパトサウルスは首を左右それぞれ4メートルずつ振ることができた。それだけではない、上に首をもたげることもできた。その高さ6メートル。キリンをも越える高さである。

アパトサウルスの長い首は、現在で言うとゾウの鼻のようなものだ。ゾウは長い鼻で地面の植物も高い木の葉もむしって食べられる。アパトサウルスは長い首で同じことをしたのだろう。

ちなみに恐竜は首を上げられなかった、という俗説があるが、あれは半分正しく、半分間違いだ。80年代の頃、竜脚形類をキリンのように復元することが流行った。胴体に対して首を直角に曲げた復元だ。もちろんこれは無理である。自在にしなる釣り竿だって直角に曲げたら折れるだろう。だが、首は直角には曲がらないと正した時、今度はアパトサウルスの首は上に曲げられない、あくまでも水平のままだという勘違いが生まれたのだ。もちろんこれも間違いだ。アパトサウルスの首は自在にしなる。左右合わせて8メートル、高さは6メートル。彼らは首をしならせて歩き、この範囲の植物を片っ端から食い進む巨獣だったのである。

ブラキオサウルス　陸上恐竜が水中に描かれた理由

ステゴサウルス、アパトサウルスがいたジュラ紀末の北アメリカ。当時この地には、さらに巨大な竜脚形類ブラキオサウルスがいた。

ブラキオサウルスが発見、報告されたのは1903年。見つかったのは背骨が数個と首の骨が二つ。腕の骨や腰の骨の一部、太ももの骨などであった。これを聞くと、それしか見つかっていなかったの？　とびっくりする人がいるだろう。だが巨大竜脚形類の化石は、どれもたいていこうだ。水底に沈んだ巨大な遺骸が土砂に埋まるまで時間がかかる。埋まる頃には遺骸はすっかりばらばらになっているし、水の流れで運び去られる骨もあるだろう。

数えればわずかな骨でしかない。しかし先に登場したアパトサウルスの太ももの骨は長さ1・34メートル。これに対しブラキオサウルスの太ももの骨は2メートルもあった。ブラキオサウルスの巨大さは明らかだった。ブラキオサウルスの全体像は1914年に分かった。アフリカのタンザニアから新たな化石が見つかったのである。

地球上唯一の大陸パンゲアは分裂を始めたところだ。北アメリカとアフリカも、まだ動物の行き来があった。あるいは途絶えたところである。このため国が違っても恐竜の顔ぶれはほと

ブラキオサウルス
Brachiosaurus altithorax
北アメリカ　ジュラ紀末
全長25メートル
首はほぼまっすぐで
胴体の延長やや上向きに伸びるように
復元して描いている
この状態でもブラキオサウルスの頭は
地上８メートルの高さにある
なおアフリカのブラキオサウルスを
ジラファティタンにする提案もあるが
不便なだけなので
この本では採用しない

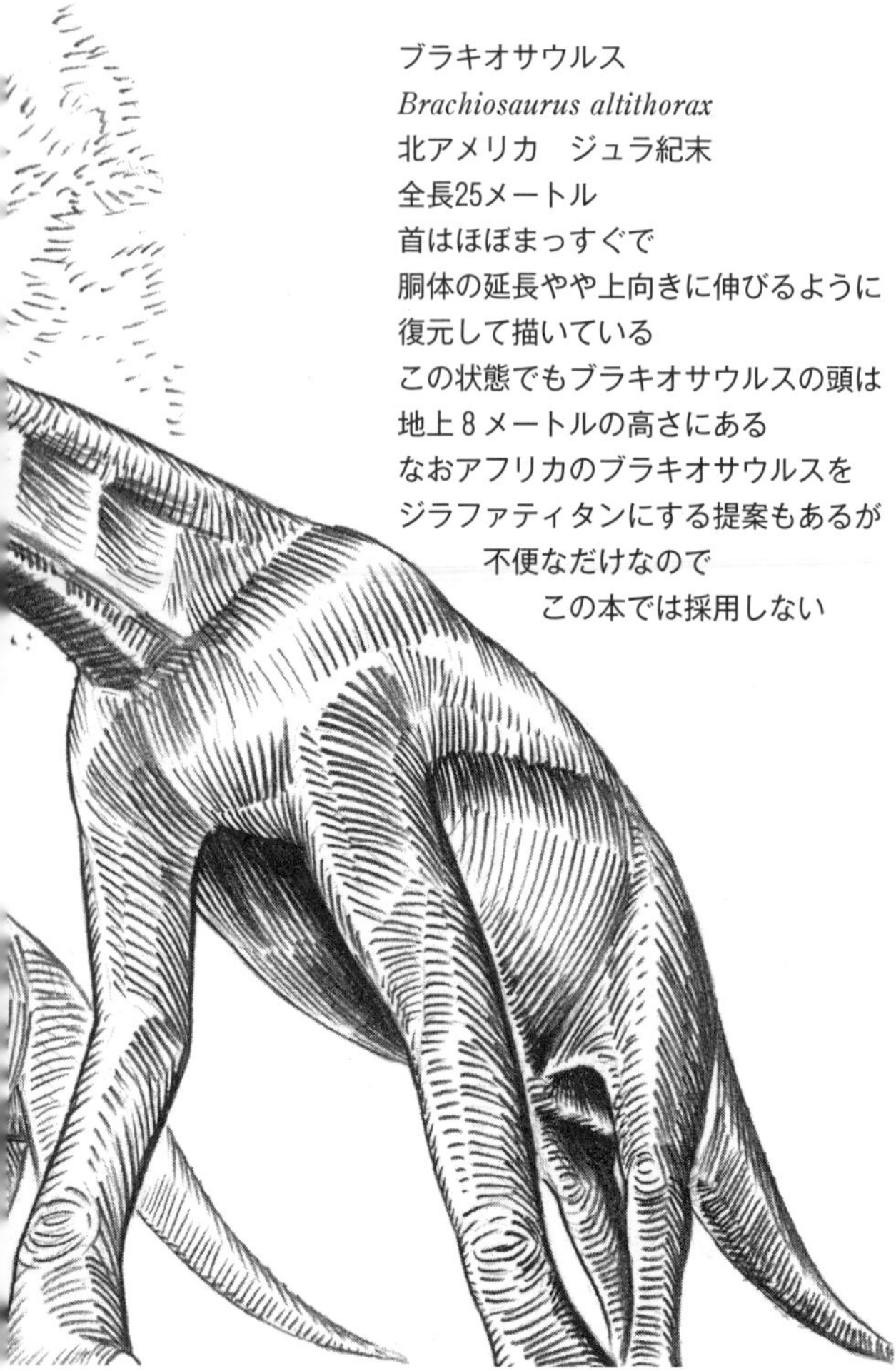

後ろは首をSの字にもたげた
ブラキオサウルスで
高さ13メートルに達する
こういう姿勢をとること自体は
可能であったかもしれない
それにバランスも良いし格好いい
ただし高くもたげた頭に血液を送るため
心臓に負担がかかる姿勢である

んど変わらない。幸運にもタンザニアのブラキオサウルスは体の骨がほとんど残っていた。首や頭さえも見つかった。これでブラキオサウルスの全体像が摑めるようになったのだ。

この化石はドイツの研究者が見つけたもので、現在はベルリンの博物館に展示されている。全長は25メートル。首の長さは9メートル。もたげた頭の高さは13メートルに達する。まさに怪物である。それゆえに、ブラキオサウルスはおかしな復元をされることになった。

私が子供の頃の恐竜図鑑では、ブラキオサウルスは水中で暮らす動物として描かれていた。今の40代、50代の人であれば、この姿に慣れ親しんだであろう。これには根拠がある。ブラキオサウルスはクジラのように巨大な動物だから、水の浮力がないと体を支えられないと考えられたのだ。ブラキオサウルスの鼻がおかしな位置にあることも、この復元を後押しした。ブラキオサウルスの鼻は、頭のてっぺんにある。これはクジラに見られる特徴である。

だがこの復元は間違いだった。理由は単純である。ブラキオサウルスは植物食動物だ。現在の地球で水中にすむ植物食動物というとカバがいる。カバの足は短い。だがブラキオサウルスは足が長く、その体型はむしろゾウやキリンに似ている。キリンとゾウは陸上動物であるのだから、ブラキオサウルスも陸上動物だっただろう。このことが指摘されたのは1971年のことだ。90年代になると、ブラキオサウルスを水中生物として描く復元は消滅した。

このように陸上動物であることは分かった。次の問題はブラキオサウルスの首のありかただった。ブラキオサウルスはキリンのように首をまっすぐ立てていたか、それともアパトサウルスのように水平にしていたのか？　これは今でも研究者たちが議論している。

ブラキオサウルスが首を立てた復元は格好いいし、人気もある。さらにこの姿勢の方が楽だと考える人もいる。確かにそうだ。私たちも腕を水平に伸ばせば腕の重みを感じるだろう。だがひじを曲げて、カンフーの蛇拳の構えというか、蛇が鎌首をもたげたような姿勢をとればさほど重みを感じない。実際、蛇拳のポーズとは案外に正確な比喩でもある。なぜならブラキオサウルスの首を直立させるには、彼らの長い首を蛇の鎌首のごとく、Ｓの字に曲げる必要があるからだ。これにはハクチョウの長い首を思い浮かべても良い。

だがブラキオサウルスの首の骨を組み立てると、そうはならない。首はほとんどまっすぐになる。おそらく、首をほぼ水平にしていたのだろう。少なくともそれが基本姿勢だったはずだ。それでもブラキオサウルスは高い場所に首が届いたはずである。そもそもその体型は竜脚形類としては異例なもので、後ろ足より前足が長い。ブラキオサウルスという名前も腕のトカゲという意味で、このことを示している。腕のこの長さゆえに、彼らの首はその付け根でさえも地上５・５メートルの高さにあるのだ。しかもブラキオサウルスは前足の方が長い体型だから胴体が自然と前上がりとなる。そして首の骨は、この前上がりの背骨の延長なのだ。だからまっすぐな首でも自然と前上がりとなる。

60年代まで普通だった
ブラキオサウルスの復元
水の浮力で巨体を支え
長い首は水面から息を吸う
シュノーケルの役割を果たすとされた
この復元は70年代に否定された

シュノーケルのように
使われると解釈された首だが
水圧を考えるとこれで呼吸は
不可能である

ざっと復元すると、首がまっすぐでも、ブラキオサウルスの頭は地上8メートルの高さにあるのだ。これは現在のキリンを遥かに越え、首をもたげたアパトサウルスより2メートルも高い。

植物食動物は、餌の奪い合いを避けて種類ごとに別々の高さの餌を食べるようになる。地上8メートルなら、ブラキオサウルスは並みいる食のライバルたちと競争しないですむ。しかも地上8メートルでさえも、これはまだ通常での話。ここで首をもたげれば、さらに上の餌もほしいままだ。多分、これがブラキオサウルスの食生活なのだろう。

ところで、かつてブラキオサウルスが水中生活者にされたのは、クジラのように鼻の穴が頭のてっぺんにあるからだった。この謎はどうなったのか？　頭のてっぺんに鼻の穴があるのはクジラだけではない、ゾウやバクもそうだ。これらは長い鼻と唇で葉っぱをたぐり寄せる動物である。そこで幾人かの研究者は考えた。ブラキオサウルスはゾウのような鼻を持っていたのではないか？　これは難しい仮説である。なぜなら爬虫類の鼻や唇は、哺乳類のものほど発達しないし、器用に動かないからである。だがブラキオサウルスの鼻は何かしら特別な構造があったことを物語っている。それは何か？　長い鼻か、それとも自在に動く唇か？　これは今も謎のままだ。

アロサウルス
Allosaurus fragilis
ジュラ紀末　北アメリカ
全長８メートル
ステゴサウルスに突進するアロサウルス
アロサウルスは首の力を使って
上顎の歯を相手に叩き込んで切り裂く
狩りを行ったと考えられている

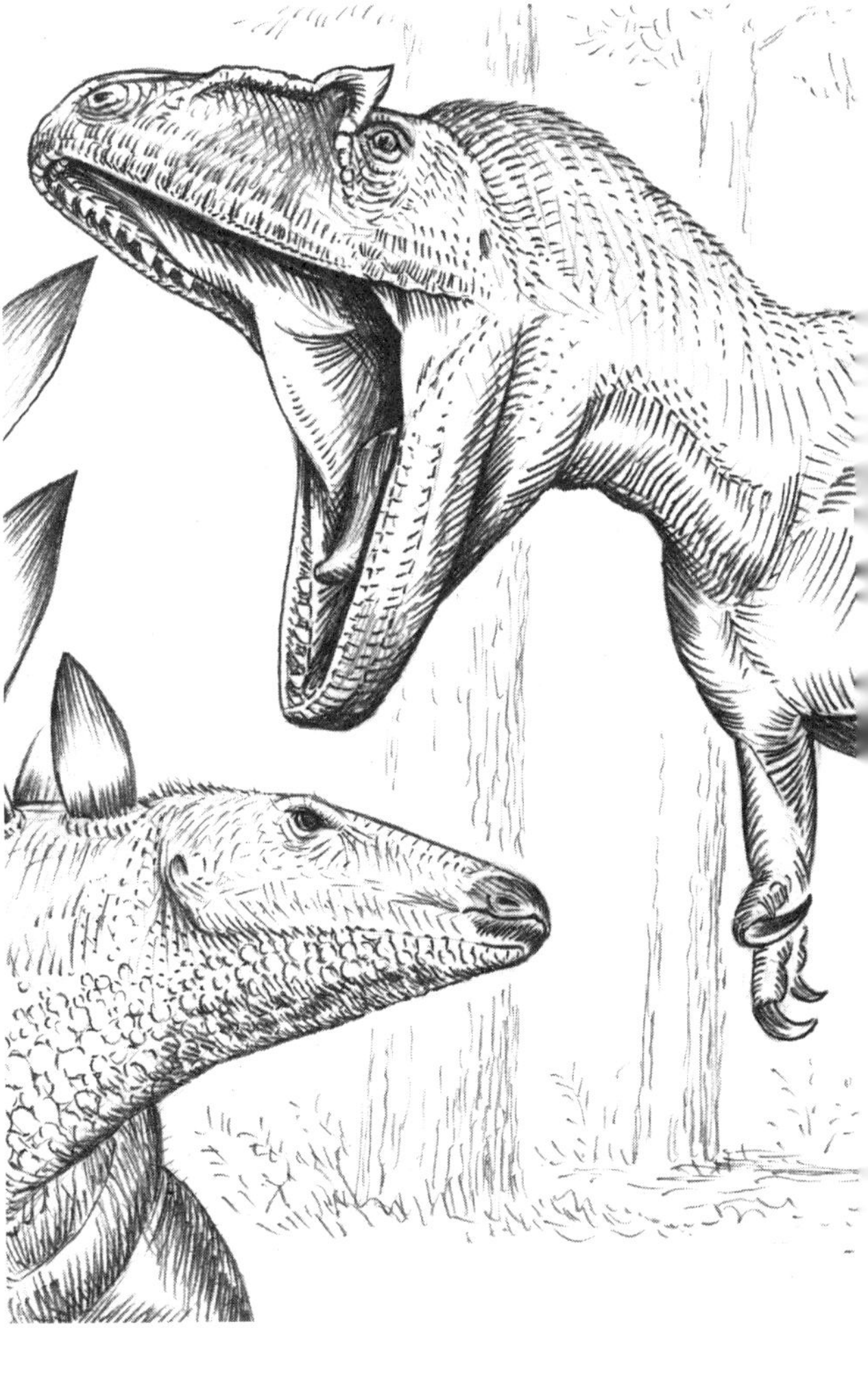

アロサウルス　狩りは群れか単独か

ステゴサウルス、アパトサウルス、ブラキオサウルス。これまで紹介したモリソン累層の恐竜達は植物を食べるが、彼らを襲う肉食恐竜も存在した。それがアロサウルスである。

アロサウルスは頭の長さは60〜80センチ、全長は7〜8メートルぐらい。だが中には頭の長さ1・2メートル。全長12メートル級のものもいた。メガロサウルスに比べて、アロサウルスの頭は丈が高く、もっと頑強な印象がある。特徴的なのは目の前に三角の角のような飾りがあることだ。そして手は3本指になっていた。巨大な親指には強烈なカギ爪がついている。人差し指が一番長く、中指は小さく、そして薬指と小指は影も形も残っていない。こうした手の基本構造は鳥と良く似ている。アロサウルスはこれまで登場した肉食恐竜よりもずっと鳥に近い、進化した種族なのである。

一方、歯の作りはこれまで登場した肉食恐竜と同じだ。形はナイフのようで、縁に小さなギザギザがあって獲物の皮膚を容易に切断する構造だ。これはライオンなど、現在の肉食哺乳類とはまったく違う。当然、狩りも違っていただろう。例えばライオンの武器は犬歯だが、彼らの犬歯にはギザギザがない。だからライオンは獲物の皮を切り裂いて致命傷を与えることができない。ライオンの狩りは基本的に絞め技である。相手の気管や口、鼻に噛みつき、窒息させる。このせいかライオンはあまり大物狙いではない。例えば相手が子供でも、ライオンはゾウを襲わない。少なくとも単独では無理だ。哺乳類の中で唯一、犬歯にギザギザを発達させたのはサーベルタイガーであった。彼らは獲物の皮を切り裂き、出血死に追い込める。かつて北アメリカにいたサーベルタイガーは、自分はライオンサイズであるのに、体重1トンに達するゾウの子供を狩ることができた。というかそれを主食にしていた事例がある。

これを考えると、皮膚を切り裂けるアロサウルスもかなりの大物を狩ることができたのだろう。とはいえ、アパトサウルスやブラキオサウルスたちが相手ではさすがに分が悪い。少なくとも大人相手では歯が立たない。だからアロサウルスは、竜脚形類の子供やステゴサウルスなどを襲ったと考えられている。実際、ステゴサウルスに貫かれたと思わしきアロサウルスの骨が見つかっているから、両者が戦ったことは確かだ。

ところで、アロサウルスでもアパトサウルス相手では分が悪いと聞くと、そんな馬鹿な、アロサウルスは群れで狩りをしたんだぞ！　と言う人がいるだろう。この説はむしろマイナーな説だ。しかし、20メートル級の巨獣に8メートルの肉食獣が群れで挑む。この格好いい説を根拠なしの一言で否定するわけにもいかぬ。ではまず、アロサウルスが群れで狩りをしたという説の根拠から見ることにしよう。

アメリカ、ユタ州にあるクリーブランド・ロイド恐竜採掘所。この場所もモリソン累層の一角で、ジュラ紀後期の恐竜化石が大量に見つかる。巨大竜脚形類やステゴサウルス、しかし見つかる化石の大半はアロサウルスなのだ。この場所は当時、デストラップだったのだと言われている。デストラップ、すなわち死の罠。ここは昔、底なし沼のようなぬかるみだった。竜脚形類などがぬかるみにはまる。すると身動きできない獲物を目当てに肉食恐竜が集まる。時には肉食恐竜もぬかるみにはまって死ぬ。すると肉食恐竜の化石がやたらと多くなるだろう。

この話がどうして群れを作っていた証拠になるのか？　当時、モリソン累層には肉食恐竜が何種類もいた。ところが、アロサウルスだけがこのデストラップから大量に見つかる。この偏りを説明する2通りの解釈がある。ひとつは、アロサウルスはハンターではなく死体に群がるハゲタカのような動物であったという解釈だ。ただこの解釈はちょっと無理がある。

もうひとつの解釈はアロサウルスだけが群れで行動する肉食恐竜だったから、というものだ。群れでくればぬかるみにはまる者も多いだろう。あるいは獲物を奪い合う時、1頭で行動する肉食獣は、群れを作る肉食獣に負けてしまう。もしアロサウルスだけが群れを作っていたのなら、アロサウルスだけが獲物を独占できる。するとやはりアロサウルスだけがぬかるみにはまってしまうだろう。こう考えるとアロサウルスの化石がやたら多いことを説明できるのだ。

どうであろう？　アロサウルスが群れを作っていた説はなかなか良さげに聞こえる。私も色

アロサウルスは目の前に
三角の角を持つのが
特徴

獲物を切り裂くアロサウルス
アロサウルスは口を大きく
80度近くまで
開けることができた
この能力は
上顎の歯を叩き込む狩りで
とても有効だったろう
ちなみに白目なのは鳥のように
瞬膜で目を保護しているため

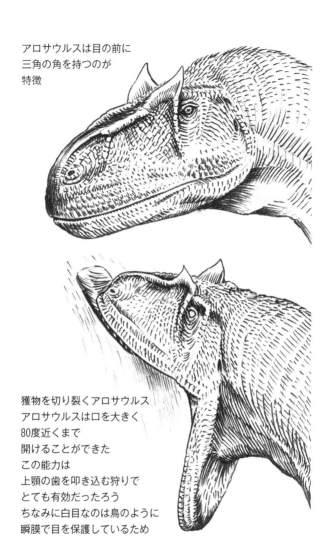

めき立ってしまったのだが、これは根本的に間違いかもしれない。なぜかというにクリーブランド・ロイド恐竜採掘所、ここはそもそもデストラップではないらしい。理由は単純である。ぬかるみにはまって死んだ動物はしばしば立った姿勢で化石になる。ところがこの場所から見つかる骨のほとんどは横たわった姿勢なのだ。この場所は単に恐竜が訪れる水場で、時折近くで死んだ恐竜の骨が埋まっただけのようだ。するとアロサウルスが群れで狩りをするという説も根拠を失う。

そもそも群れで狩りをする動物はまれで、現在の地上ではライオンやオオカミなどしかいない。こういうまれな行動を、強い証拠もないまま恐竜に当てはめることには無理がある。アロサウルスは1頭で狩りをしたと考えるのが無難だ。

アロサウルスの狩りは素早い一撃に頼ったものだったらしい。アロサウルスの頭骨は非常に強い力に耐えられる作りだった。ところがその強さは噛む力だけでは説明できないという。どうもアロサウルスは首の力も利用したようだ。つまり首の力を利用し獲物に歯を叩き込み、首を後ろに引いて相手を切り裂く。おそらく、彼らは獲物を待ち伏せて襲いかかり、相手が防御の姿勢を取る前に仕留めたのだ。これは後に登場するティラノサウルスとは対照的な仕留め方だ。ティラノサウルスは獲物に格闘戦を挑んだようである。つまり力のティラノに対して、技のアロと言うべきだろう。

ランフォリンクスとプテロダクティルス　翼竜の尻尾

ここで舞台を変えてヨーロッパに目を移してみよう。ドイツのゾルンホーフェンの有名な石切り場の石はきめが細かく、かつて石版印刷に使われた。この石は1億5200万年前、つまり北米モリソン累層と同じ時代にできた。当時、ヨーロッパは海で、土地がところどころ島になって点在していた。この石は、海のよどんだ深みに堆積したものである。そこは酸欠状態になっていて、迷い込んで窒息してしまい、もがき苦しんだカブトガニやアンモナイトの化石も見つかる、動物がすめない海底だ。ここに沈んだ遺骸は食い荒らされることなく、保存の良い化石となった。そうして見つかった見事な翼竜の化石がランフォリンクスである。

ランフォリンクスは翼の幅が60センチあまりの翼竜だ。基本的な体型は三畳紀のユーディモルフォドンとほぼ同じ。口は尖り、長い尻尾を持っているが、違いもある。例えばランフォリンクスの尻尾は長く伸びた骨が絡み合って固くなっていた。歯はトゲのような形で長い。食べた魚が腹に入ったままの化石が見つかっているが、魚は丸呑みであった。ユーディモルフォドンのように獲物を歯でごりごり噛んだりしなかったのである。ランフォリンクスの歯は魚を捕まえる役割だけを果たした。多分、海面を飛んで、見つけた魚をすくいあげたのだろう。

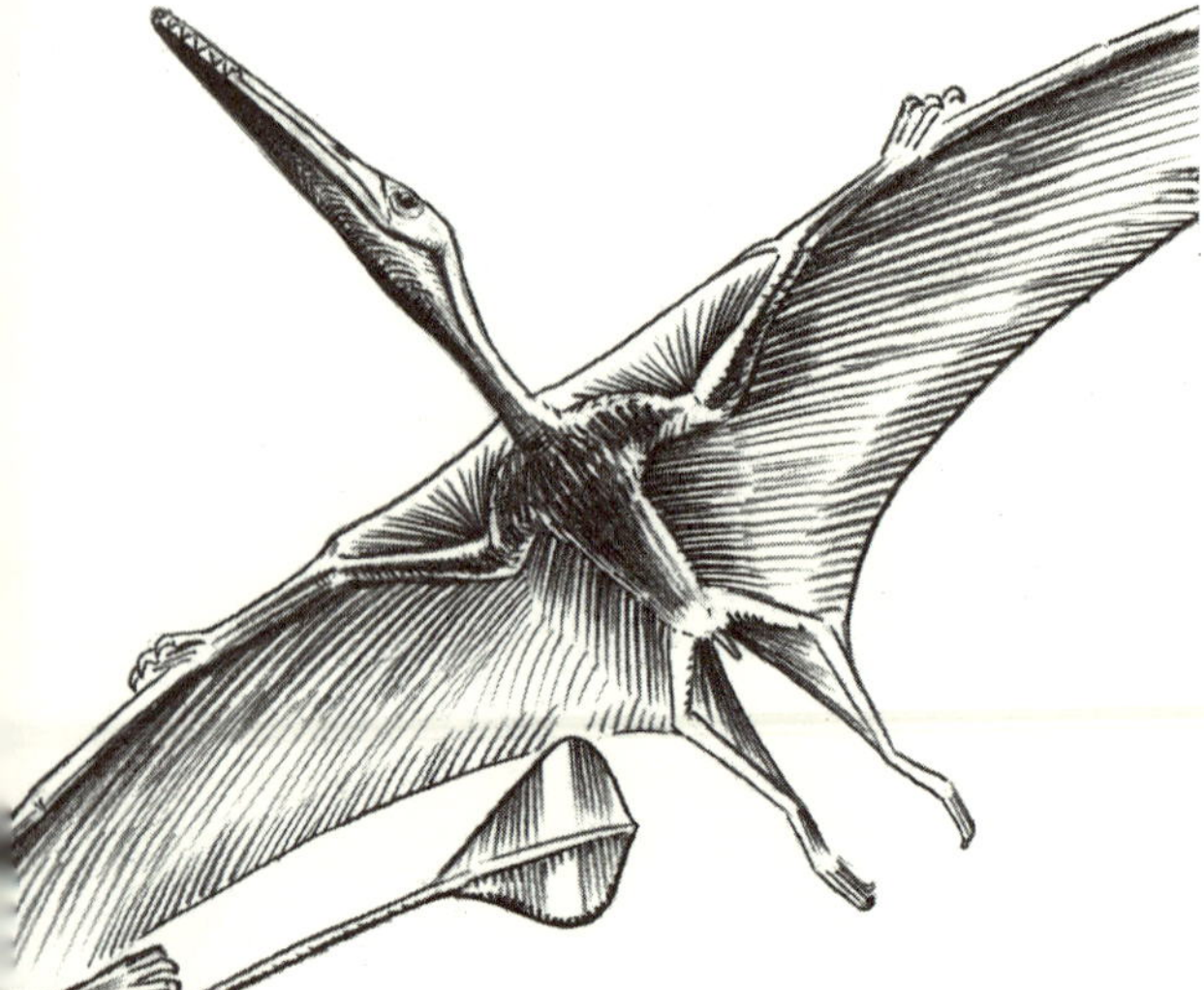

上を飛ぶのはプテロダクティルス
Pterodactylus kochi　翼幅60センチ
ランフォリンクスと違って尻尾は短く
足の間にある膜は小さい

ランフォリンクスは足の間の膜が大きく
尻尾が長くその後ろに垂直尾翼がある
ただしこの尾翼は成長に応じて形が
変わったので飾りだったのかもしれない

ランフォリンクス
Rhamphorhynchus muensteri
ジュラ紀末　ドイツ
翼幅60センチ
鋭い歯を持ち
口先はくちばしになっていた
飛びながら海面から
魚をすくいあげて捕まえた
ようである

ランフォリンクスの姿や生活はカモメを思わせるものだったが、成長の仕方はまるで違っている。鳥と違って、卵から生まれるとすぐ飛べたらしい。しかし成長はゆっくりしており、大人になるまで何年もかかった。ちなみにこの奇妙な成長は、翼竜全体について言える。

ゾルンホーフェンからはプテロダクティルスという翼竜も見つかる。大きさはランフォリンクスとほぼ同じだが、違いは尻尾が短いことと、足の間にある翼の構造である。翼竜の翼は腕に張った膜の翼と、足の間に張った膜の翼とがある。プテロダクティルスの足の翼は小さく、足が自由に動かせた。プテロダクティルスは腕と足を使って地上を自在に歩けたのである。

一方、ランフォリンクスの足の翼はもっと大きかった。股間から足の爪先まで、全部膜が張っていた。だからランフォリンクスは地上に降りることがあまりなかったようだ。おそらく休む時は島に生えた樹の幹につかまっていたと考えられている。そうして海に出る時は、樹から飛び降りて大空へ舞い上がった。ジュラ紀以後、ランフォリンクスたち尻尾の長い翼竜は姿を消してしまう。白亜紀の空はプテロダクティルスたち、尻尾が短く、足の翼が小さく、自在に地上を歩ける翼竜たちのものとなるのだ。

コンプソグナトスと始祖鳥　恐竜から鳥へ

ゾルンホーフェンの石切り場からは恐竜も見つかっている。ひとつはコンプソグナトス、そしてもうひとつは始祖鳥だ。コンプソグナトスは小さな恐竜である。頭の長さは8センチ弱、全長は70センチ程度。体の半分以上が尻尾だから見た目はもっと小さい。彼らは肉食恐竜でトカゲを食べた化石も見つかっているが、なにぶんこの大きさである。現在の地球にいたらネコに食べられてしまうだろう。当時、ヨーロッパは海に覆われ、残ったのは小さな島だった。小さな土地には小さな恐竜しかすめなかったということであろうか。

コンプソグナトスは長い間、2本指の手を持つ恐竜として描かれていた。これは私が子供の頃もそうであったし、90年代までそうであった。しかし手の指が2本という説は前々から疑問の声があった。コンプソグナトスの手の骨はばらばらになっていた。2本に見えるが、もっと多いようにも見えるのだ。これは1996年のシノサウロプテリクスの発見ではっきりした。この恐竜は後で登場するが、大きさも体の特徴もコンプソグナトスによく似ている。そして手の指は3本だったのである。現在、コンプソグナトスも3本指だと考えられている。

コンプソグナトスと始祖鳥の発見は1861年だ。これは当時、衝撃的な出来事であった。

コンプソグナトス
Compsognathus longipes
ジュラ紀末　ドイツ
全長70センチ
古典的に手の指は
２本と言われてきたが
実際には３本のようである

始祖鳥
Archaeopteryx lithographica
ジュラ紀末　ドイツ
全長30センチ
最古の鳥にして最初の鳥である
飛翔力が弱く
離陸するには走る必要が
あったたろう

ダーウィンが進化論を提案したのは1859年だ。そのわずか2年後に報告されたコンプソグナトスは2本足で歩く爬虫類であり、始祖鳥は恐竜に似た鳥である。トカゲのような爬虫類からコンプソグナトスを経て鳥が進化する。ダーウィンの言う進化の証拠に他ならなかった。

このことを最初に指摘したのはダーウィン進化論の旗手であったハックスリー博士である。ハックスリー博士はスケリドサウルスのところで登場した人物だ。それまで見つかった恐竜の後ろ足が鳥に似ていることに気づき、オルニソスケリダ、すなわち鳥スケリドサウルス類を提案した人である。彼はこの時、コンプソグナトスを証拠として鳥と恐竜を結びつけることも提案した。鳥が恐竜であるという仮説は、150年前、すでにここまで完成していたのである。これを可能ならしめたのがコンプソグナトスであり、始祖鳥であった。

始祖鳥の学名はアーケオプテリクスという。これはギリシャ語で古代の翼の意味。すなわち始祖の鳥。ゆえに日本語では始祖鳥だ。全長は30センチ程度、尻尾をのぞいた体長は13センチ程度。頭の大きさは4センチ程度。コンプソグナトス以上に小さな体だ。化石を見ると腕と手が長く、そこに羽毛がついて翼を作っている。始祖鳥が鳥であることは明らかだが、現在の鳥と違う点もある。一番目立つ違いは長い尻尾だ。現在の鳥は長い尾羽を持っているが、それはあくまでも尾羽。尻尾自体は非常に小さく、尾羽を支えるただの土台だ。

さらに始祖鳥は歯を持っていた。くちばしは見当たらない。長い尻尾に鋭い歯。こうした特

空を飛ぶ始祖鳥
羽毛に強度が無いので
羽毛が折り重なった翼を持っていた
また後ろ足の太ももと脛にも
小さいが翼があったようである
鳥の進化の初期段階では
四枚翼の時代があった
始祖鳥の足の翼は
その名残の可能性がある
始祖鳥は現在の鳥からかけ離れた
かなり奇妙な動物だった

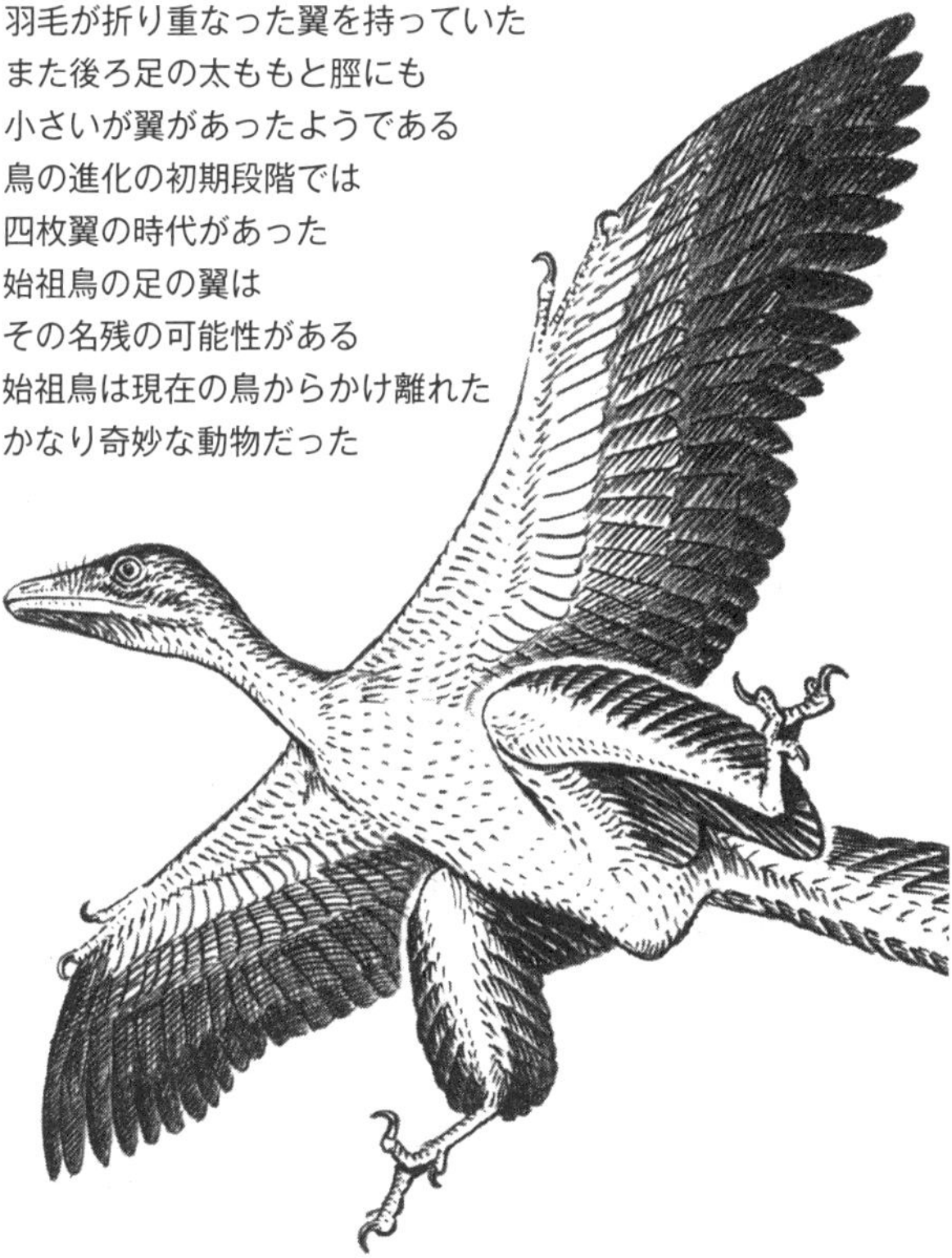

後ろ足の翼は大股開きで使われたとも言われるが
ここでは〝アヒルさん座り〟で復元してある
詳しくは後述のミクロラプトル余談を参照

徴は肉食恐竜がもともと持っていたものである。だが、始祖鳥の体の中で一番議論の的になるのは、胸の骨だろう。始祖鳥の胸の骨は小さくてぺったんこなのだ。このぺったんこの胸を見た時、研究者たちは戸惑った。始祖鳥は本当に飛べたのかと。

現在の鳥の胸は始祖鳥とは対照的である。胸の骨は広く盾のような形をしている。この広い胸に腕を動かす筋肉がたっぷりとつく。さらに胸の骨の中央には隆起がある。人間で言えば、縦にした板を自分の胸にあてがうような感じだ。ここに大量の筋肉がつく。それが自分の腕につながるところを想像してみよう。自分が途方もないマッチョマンになったことが分かるであろう。この筋肉を思うままにふるえば空を飛ぶことも可能であろう。ところが始祖鳥にはこの隆起がない。さらに胸自体が小さい。こんなぺったんこな胸では空を飛べないだろう。ところが始祖鳥には立派な翼がある。これは矛盾だ。

この疑問をどう解決すればいいものか？　ある人はこう考えた。始祖鳥は樹から飛び降りて、グライダーのように滑空するだけではないのか？　確かに現在の海鳥ミズナギドリは樹に登り、飛び降りることで大空へ舞い上がる。

あるいは走るのではないかと考える人もいた。これは人間の飛行機と似ている。飛行機が飛ぶには揚力が必要で、十分な揚力を得るには加速しないといけない。飛行機は樹から飛び降りるわけにはいかないので、走って加速するのだ。飛行機だけではない。現在のハクチョウも走って加速し、離陸する。

だが始祖鳥は走っても速度が足りないという意見もある。これに対して面白い考えがある。ひとつは爬虫類の筋肉は短時間なら鳥よりも大きな力を出せるので、これなら始祖鳥でも飛べるというものだ。もうひとつの意見は、始祖鳥は羽ばたきながら走ることでどんどん加速して、離陸に必要な速度を得るというものだ。多分、このあたりが現状では正しいと思われる。実際、ジュラ紀後期のヨーロッパは乾燥していたようだ。島に樹木はあまりなかったらしい。それに当時は翼竜のランフォリンクスがいた。ランフォリンクスたちは海から帰ると、どうも樹の幹につかまって休んだようだ。先客がいるわけだから、始祖鳥はやはり地上にいた方が良さげである。

始祖鳥は羽の作りが弱かった。羽毛の軸が細すぎて、羽ばたくと壊れてしまいそうなのだ。そのためなのだろう、始祖鳥の翼は何列もの羽毛がびっしり折り重なってできていた。なるほど、これなら弱い羽毛でも羽ばたける。だがいかにもやぼったい作りである。さらに羽毛は黒かった。黒い色素は羽毛を強くする効果がある。色素まで使って羽を強化して飛ぶ。始祖鳥は間に合わせの材料をとにかくかき集めて作ったような存在だった。まさに始祖の鳥。しかしこれ以後、鳥はより完成された存在となり、空の覇者となる道を歩み始める。

始祖鳥余談　進化の分岐図

ダーウィン進化論のわずか2年後に見つかった始祖鳥は進化の象徴である。だが象徴というものはネタになりやすく混乱した話がわんさかあるものだから、ここで少し解説しよう。

始祖鳥は鳥の祖先ではないとしばしば言われる。例えば100年前の人骨がここにある。これはあなたの祖先ですか？　そう問われて、はい、とは言えまい。その骨は自分の祖先かもしれないし、何世代辿っても関係ない赤の他人かもしれない。これと同じく、始祖鳥が鳥であるとは言えても、そこにいるカラスの祖先であるとは断言できない。言い換えれば、これ以上の意味はない。つまり始祖鳥が鳥の祖先でないという知識は無価値なのだ。

始祖鳥は鳥ではなかったという論文もある。例えば2005年に発表されたものがそれだ。これは基本的に第10番目の始祖鳥の化石と、その報告だ。この化石の発見で、始祖鳥の足の親指が鳥的でないことが分かった。現在の鳥は足の親指が後ろを向いている。鳥の足跡を描くとき、↓このように描くであろう。この時、下を向いているのが親指だ。他の指とは向きが逆で、木の枝を握るのに向いた構造である。だが始祖鳥の足の親指は他の肉食恐竜と同じく、前を向いたままなのだ。さらに論文の著者たちは隠し球を投げてきた。新しく分かったこのデータを使うと、始祖鳥は鳥ではなくなる、と。

生物の血縁関係と進化の様子を調べるには、分岐図というものを作る必要がある。分岐図は生物の血縁関係を表した、いわばグラフだ。さてグラフというものは恣意的に作ることも可能だ。分岐図というグラフを恣意的に作るには、データをいじる方法と、解析にかける生物の顔ぶれを変える方法とがある。第10番目標本の発見でデータは変わった。後は顔ぶれを変えれば良い。こうして始祖鳥は鳥ではないというグラフが出来上がったのである。

これは、都合の良い情報を使って会社の業績を黒字のグラフに見せるようなもので、ありがちなことである。怒る人もいるだろうが、嘘でも捏造でもない。ちょっと恣意的なだけだ。ただし、この論文を読んだとき私は大笑いしたが、真面目な研究者はやはり渋面を作っていたことを記しておこう。いずれにせよ摑みはオッケー。この論文は結構なニュースになった。

もちろんこの結論自体はすぐに否定される。だって当然だ。もっとたくさんの顔ぶれを使えば、普通に始祖鳥が鳥であるというグラフが得られるのだから。とはいえ、宣伝効果は抜群であったし。なにより始祖鳥が思っていた以上に鳥的な特徴を持たないという発見自体は事実だ。そしてここまで根拠が揺らぐと、別の可能性にも芽が出てくる。２０１１年、中国の徐星《シューシン》博士は、始祖鳥は鳥ではなく、むしろ肉食恐竜ディノニクスの系譜ではないかと提案した。ディノニクスは白亜紀の肉食恐竜で、後で登場する。ディノニクスは鳥に似ているが全長は２・６メ

始祖鳥はディノニクス
よりも鳥から縁遠いという系統樹
2005年のものだがこれは
いささか恣意的な結論である

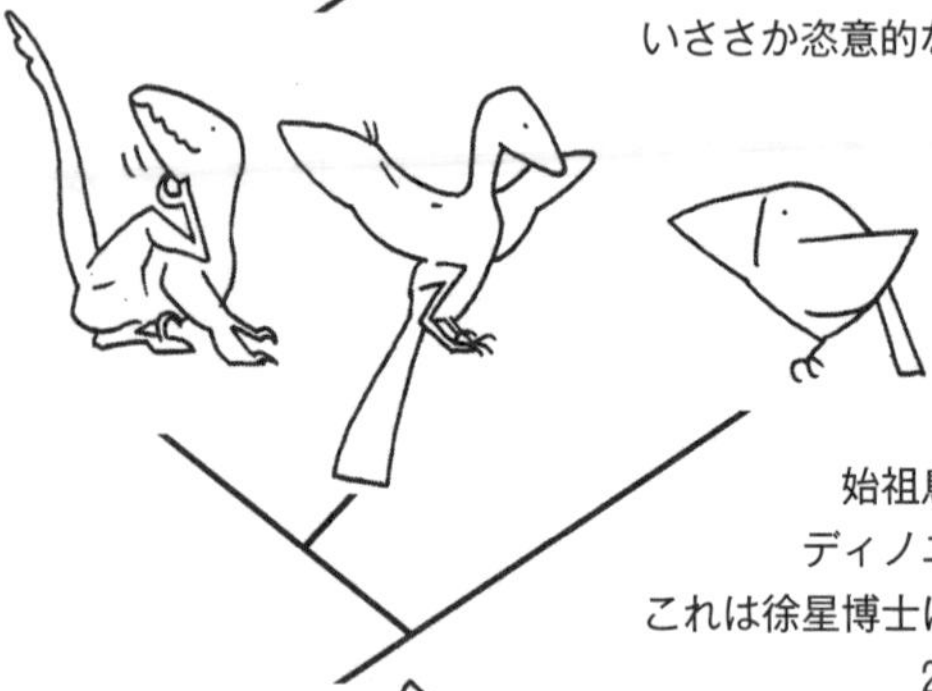

始祖鳥は鳥よりも
ディノニクスに近い
これは徐星博士による提案で
2011年のもの

意見は色々あるが
現状ではこれまで通り
始祖鳥は最初で最古の鳥で良い

ートル。始祖鳥がこの巨大なディノニクスへ至る系譜とはどういうことだろう？

徐星博士は白亜紀のミクロラプトルのところでも登場する研究者で、普通とは違う切り口で問題を解決する人だ。徐星博士の提案は初期の鳥がいずれも雑食動物であることに基づいている。鳥だけではない。鳥に近い肉食恐竜はたいてい雑食か植物食だ。例外なのはディノニクスの仲間と、そして始祖鳥である。始祖鳥は鋭い歯を持っており、肉食であることは確かだ。これまで肉食の始祖鳥から雑食の鳥が進化してきたと考えていたが、実は鳥の祖先は雑食動物だったのではないか？　そしてその中から肉食に特化するものが現れた。その系譜の最初が始祖鳥であり、その巨大化した子孫がディノニクスなのではないか？　そして博士は、この仮説を裏付ける証拠をいくつも示して見せたのである。

徐星博士の提案はパズルが行き詰まった時の解決案に似ている。これまでそうしてきたが、考え直してこう組み立てたらもっと整合するじゃないか。そういう内容だ。博士の提案は魅力的である。ただし論証するのは大変だろう。多分、化石の乏しいジュラ紀中期の地層から、新たな発見がない限り無理ではないだろうか。だから現時点ではこのように考えれば良い。始祖鳥はやはり最初の鳥であり、鳥の祖先であるのだと。

第 4 章

白亜紀　温暖な楽園、南北で異なる進化

†北では鳥盤類、南では竜脚形類が繁栄——1億4500万年前から6500万年前

地球の活動はより活発となり、熱がこもった海底の膨張で海はさらに拡大した。今の中東や北アメリカの中央部も浅い海の底に沈んだ。ここに堆積した大量の植物プランクトンは後に石油となる。白亜紀なくして現代文明は存在しない。

活発な火山活動で二酸化炭素の濃度は上昇し、温室効果で地球は暖まった。さらに海が拡大した時代である。赤道の暖かい水が地球のすみずみ、北極から南極まで運ばれた。白亜紀の世界で雪が降ることはごくまれだ。地球は氷がほとんど存在しない惑星になったのである。

奇妙なことに魚竜は絶滅した。ジュラ紀前期に繁栄の絶頂期を迎えた後、魚竜は種類を減らし、白亜紀前期に滅び去ってしまう。首長竜は健在である。一方、白亜紀後期になるとオオトカゲが海へ進出し、モササウルスとなった。

陸上ではステゴサウルス類が絶滅した。彼らはジュラ紀末を繁栄の頂点として衰退し、白亜紀前期インドのドラヴィドサウルスを最後に姿を消す。ちなみに1996年チャタジー博士が、ドラヴィドサウルスはステゴサウルスではないと主張した。40代、50代なら聞いた人もいるだろう。しかしこの説は一般には認められていない。取りあえずステゴサウルスは白亜紀前期まで存続したと覚えておけば良い。

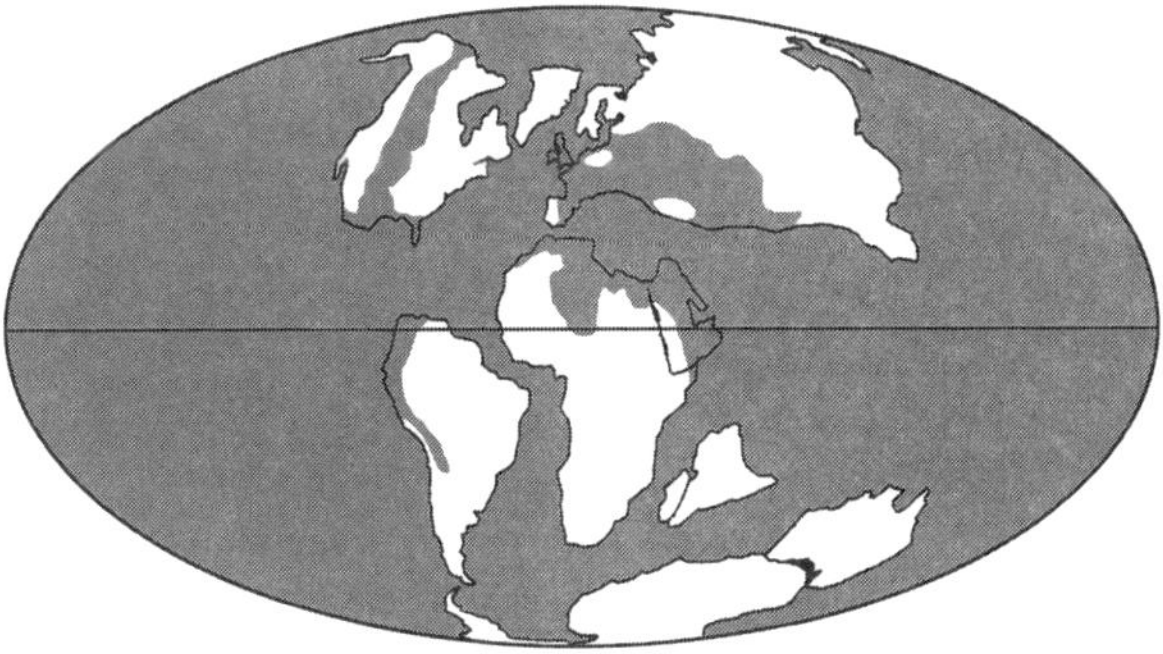

パンゲア大陸の分裂は進み、地上の動物は南半球と北半球で異なる進化を遂げた

パンゲア大陸の分裂は進み、地上の動物は南半球と北半球で異なる進化を遂げた。南半球では竜脚形類が繁栄しつづけ、鳥盤類は相変わらず数が少ない。肉食恐竜もアロサウルス類などが繁栄した。一方、北半球では竜脚形類が衰退する。反対に鳥盤類が躍進し、イグアノドン、トリケラトプスが出現した。肉食恐竜ではアロサウルスの系譜が消え、ティラノサウルス類が覇王となる。

ジュラ紀に出現した鳥はさらなる進化を遂げ、数を増やした。一方、翼竜は巨大種を生み出した。そして史上最大の飛行動物が進化するのである。植物も顔ぶれが変わった。きれいな花を咲かせる被子植物が現れ、それまで栄えてきた針葉樹やソテツに取って代わっていった。花咲く森と大爬虫類が地上を覆う黄金時代。これが恐竜時代の最後を飾る白亜紀である。

イグアノドン
Iguanodon atherfieldensis
白亜紀前期　ヨーロッパ
全長7メートル

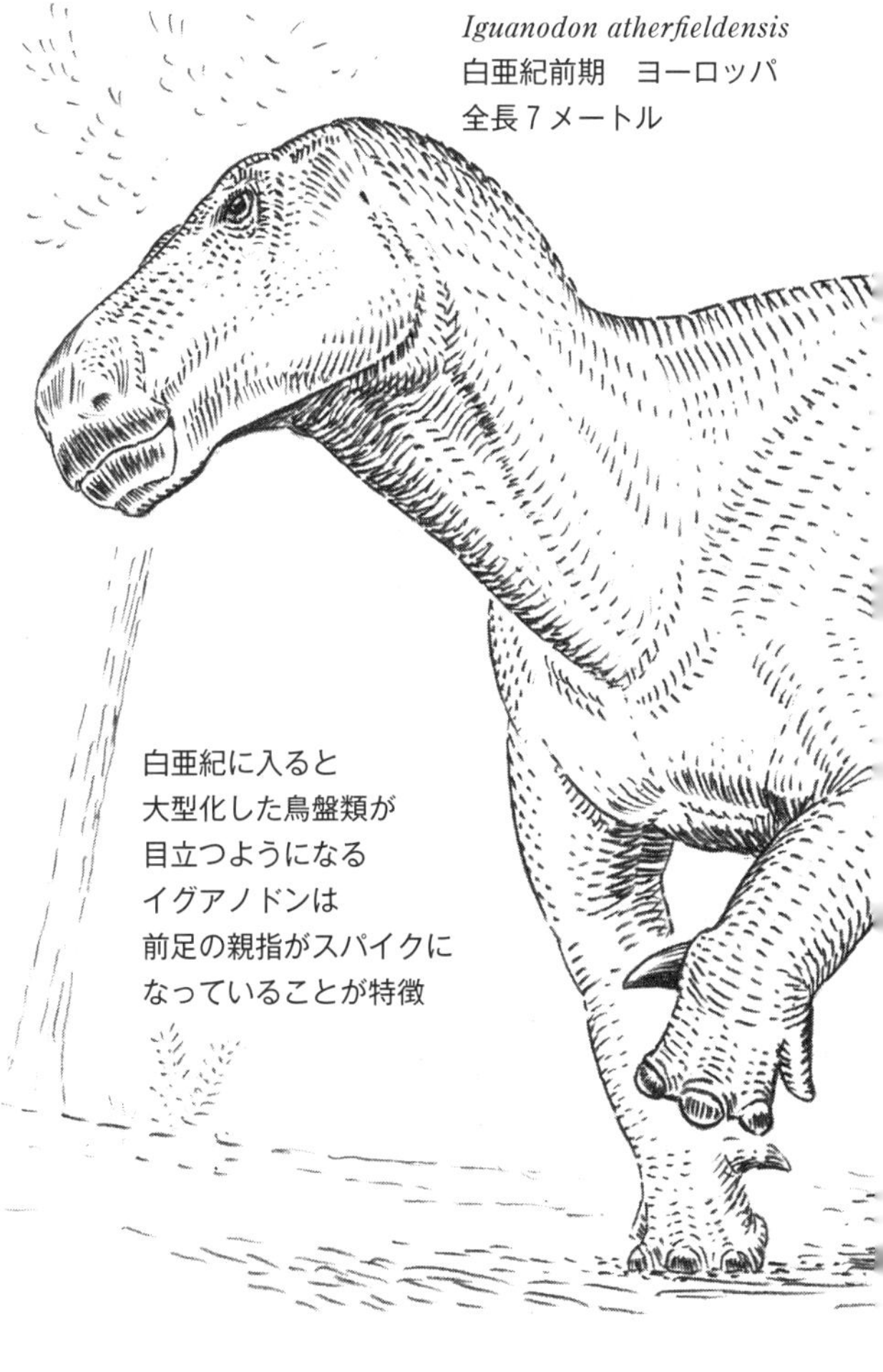

白亜紀に入ると
大型化した鳥盤類が
目立つようになる
イグアノドンは
前足の親指がスパイクに
なっていることが特徴

イグアノドン　大きな歯で植物をばりばり

イギリス南部サセックス州にあるティルゲートフォレスト。19世紀、ここには採石場があった。この地の岩ができたのは今から1億3200万年あまり前。時代は白亜紀の前半だ。ブラキオサウルスたちが活躍したジュラ紀後期から、2000万年が過ぎている。当時、この場所の気候は暑く乾いていた。現在でいうとサバンナのような感じらしい。ただし生えているのはスギナとかシダ、針葉樹やソテツであり、闊歩していた動物は恐竜だった。

恐竜の中には死んで川に流され、土砂に埋まったものもいた。長い年月が過ぎて土砂は岩になり、人が岩を切り出せば化石が顔を出す。こうして採石場から見つかった奇妙な歯に注目した人がいる。ギデオン・マンテル医師だ。彼は歯だけでなくいくつもの骨を見つけ出し、イグアノドンという名前をつけて1825年に報告した。これが第2番目に報告された恐竜である。そして初めて見つかった鳥盤類でもあった。第一の恐竜である肉食恐竜メガロサウルス、第二の恐竜である鳥盤類イグアノドン。この二つは恐竜を定める要石なのだ。

イグアノドンは全長7メートルに達する大型動物である。ジュラ紀末に絶頂期を迎えたステゴサウルスに匹敵する大型化だ。時代は変わりつつあった。白亜紀前期、北半球では竜脚形類とステゴサウルスたちが徐々に衰退し始めていた。そして、それに取って代わるようにイグアノドンたち鳥盤類が巨大化、発展し始めていたのである。

イグアノドンは植物を食べる恐竜だ。これに気がついたのもマンテル医師だった。彼は見つけた歯が、トカゲの仲間であるイグアナの歯に似ていることを見出した。イグアナは植物を食べる爬虫類だ。歯が似ているということは、この化石動物も植物を食べる爬虫類なのだろう。だが、イグアナの歯が3ミリ程度の大きさであるのに、この化石の歯は3センチもある。マンテル医師は、自分が見つけた化石が植物食の巨大爬虫類であることに気がついた。イグアノドンという名前もイグアナの歯を持つものという意味である。イグアナの全長は大きなもので2メートル、歯は3ミリ程度。イグアノドンの歯はその10倍の3センチ。歯の大きさから単純計算すると全長は10倍の20メートルになる。だが、実際はその半分以下の全長7メートルだ。これは体に対してイグアノドンの歯が大きいからだ。

歯が大きくなるとは、大量の植物をすりつぶす必要があったことを意味する。つまり大量のエネルギーが必要だったということだ。このことから恐竜イグアノドンは、イグアナよりもはるかにエネルギーを消費する、活動的な動物だったことが分かるだろう。イグアノドンは確かに爬虫類だ。しかし省エネタイプでのんびり屋のイグアナとはまるで違っていた。イグアノドンは植物をばりばり食べて、巨体をのしのし機敏に動かす動物だったのである。

プシッタコサウルス
Psittacosaurus lujiatunensis
白亜紀前期　中国
全長1～1.5メートル
尻尾の付け根に長い毛のようなものが
足と尻尾に鱗
肩にやや大きい
鱗があった

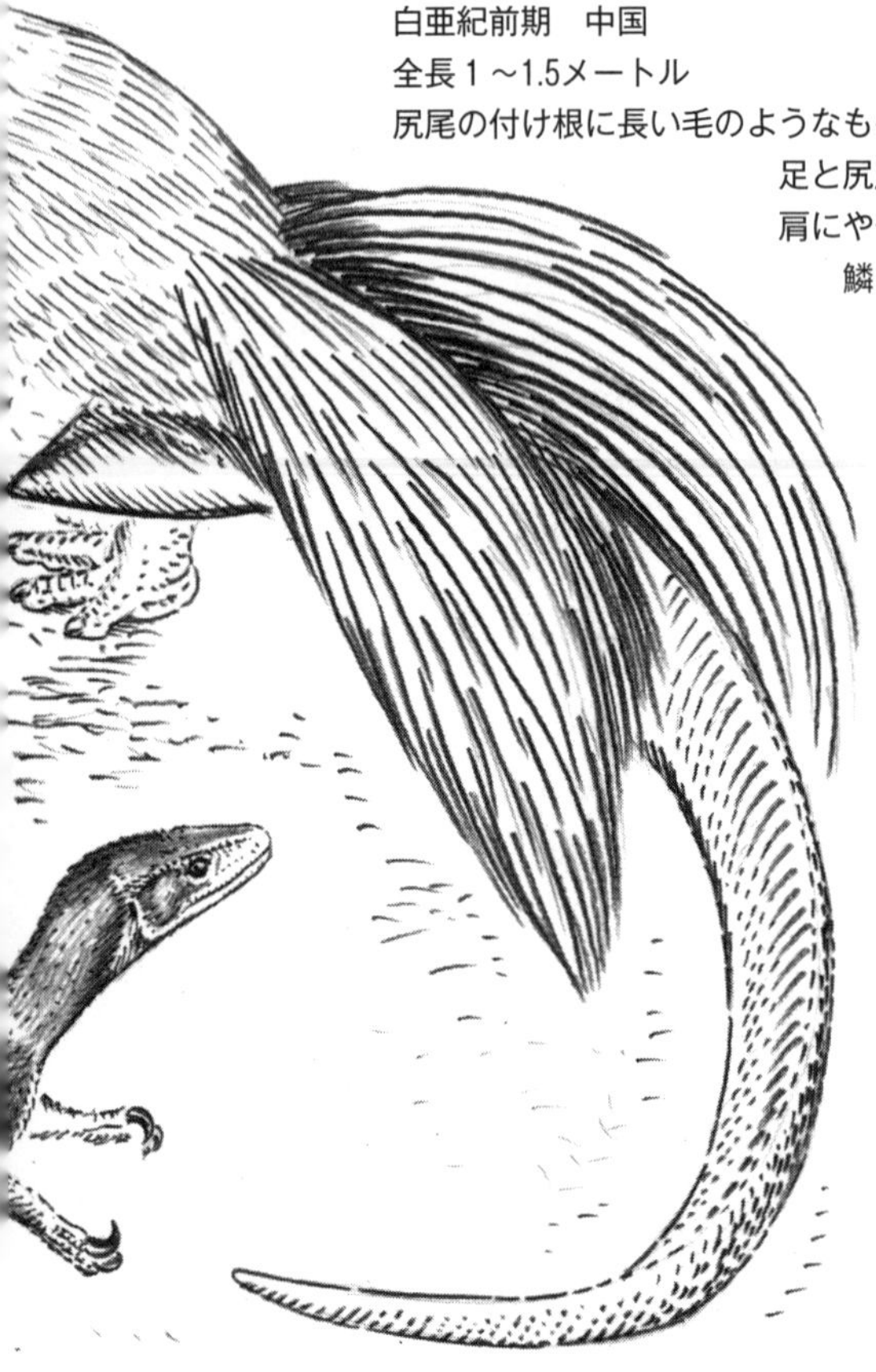

シノサウロプテリクス
Sinosauropteryx prima
白亜紀前期　中国
全長70センチ
羽毛が見つかった最初の恐竜である
羽毛はオレンジか茶色で
尻尾は縞模様だったらしい

シノサウロプテリクスとプシッタコサウルス　鳥恐竜説確定

中国、東北部の遼寧省《りょうねいしょう》。そこには白亜紀前期の地層が広がっている。そのひとつが易県累層だ。この易県累層から1996年に報告された恐竜がシノサウロプテリクスである。肉食恐竜であるがその全長は70センチあまり、時代は1億2900万年ほど前だ。体が小さく、腕が短く、尻尾が長い。コンプソグナトスの仲間である。独特の共通点が背骨にあるのだ。

名前のシノサウロプテリクスとは、中国から見つかったトカゲの翼という意味。翼とはこの場合、羽毛のことである。この恐竜の化石には羽毛が残っていたのだ。羽毛が残った恐竜化石はこれが初めての発見であった。この発見が、ひとつの学説と研究者の運命を変えてしまう。現在、鳥が恐竜であることを疑う人はいない。しかしちょっと前までそうではなかった。鳥は恐竜ではない、鳥は恐竜以外の爬虫類から進化した！　90年代当時、そう強弁する鳥類学者たちがまだがんばっていたのだ。もちろん、そうした主張はすでに圧倒的に不利であった。鳥のように前足が3本指で後ろ足だけで走る爬虫類は、肉食恐竜以外に存在しないのだから。

それでも鳥類学者はこじつけと言ってよい論を展開していた。例えば恐竜に羽毛を持つものなどいないと。それを叩き潰したのがシノサウロプテリクスである。この1996年の発見をもって鳥恐竜説に反対する意見は終わり、研究者のキャリアも終焉した。まあ今でも反対者がいることはいるのだが、真面目に取り合う必要はない。地球は平らだと主張する人が今でもいるようなものだ。これは異常科学と言うべきだし、税金の無駄遣いである。

中国の易県累層からは鳥盤類も見つかる。それがプシッタコサウルスだ。この恐竜は後に大繁栄するトリケラトプスのご先祖様である。しかし巨大な子孫と違って全長は1メートルを少し超えるぐらい。名前の意味はオウムトカゲだが、その名の通り、顔つきがオウムっぽい。

この恐竜の化石はモンゴル、ロシアからも産出するが、2002年に報告された中国産の化石には羽毛を残しているものがあった。もっとも羽毛とはいっても長さは数十センチ、幅数ミリの竹ひごみたいなものである。尻尾のあたりからもさっと生えていて、少しヤマアラシに似ている。しかしトゲではない。しなやかに曲がっているのだ。

報告された時、これは羽毛であるとは考えられていなかった。鳥は確かに恐竜から進化したが肉食恐竜からであり、鳥盤類からではない。だから誰もがこのおかしな構造を羽毛だとは考えなかったのだ。ところが2014年、明らかな羽毛を持つ鳥盤類クリンダドロメウスが見つかる。鳥盤類も羽毛を持っていた。だとしたらプシッタコサウルスのこの変なものも羽毛なのだろう。思っていた以上に、羽毛にはあらゆる可能性があったということらしい。この羽毛の役割はなんだろう？　飾りだろうか？　防御だろうか？　それは今でも分からない。

化石証拠からすると
ミクロラプトルは青みがかかった
暗い色だったらしい
なお現在の鳥のように翼を
きちんとたためたかは疑問である

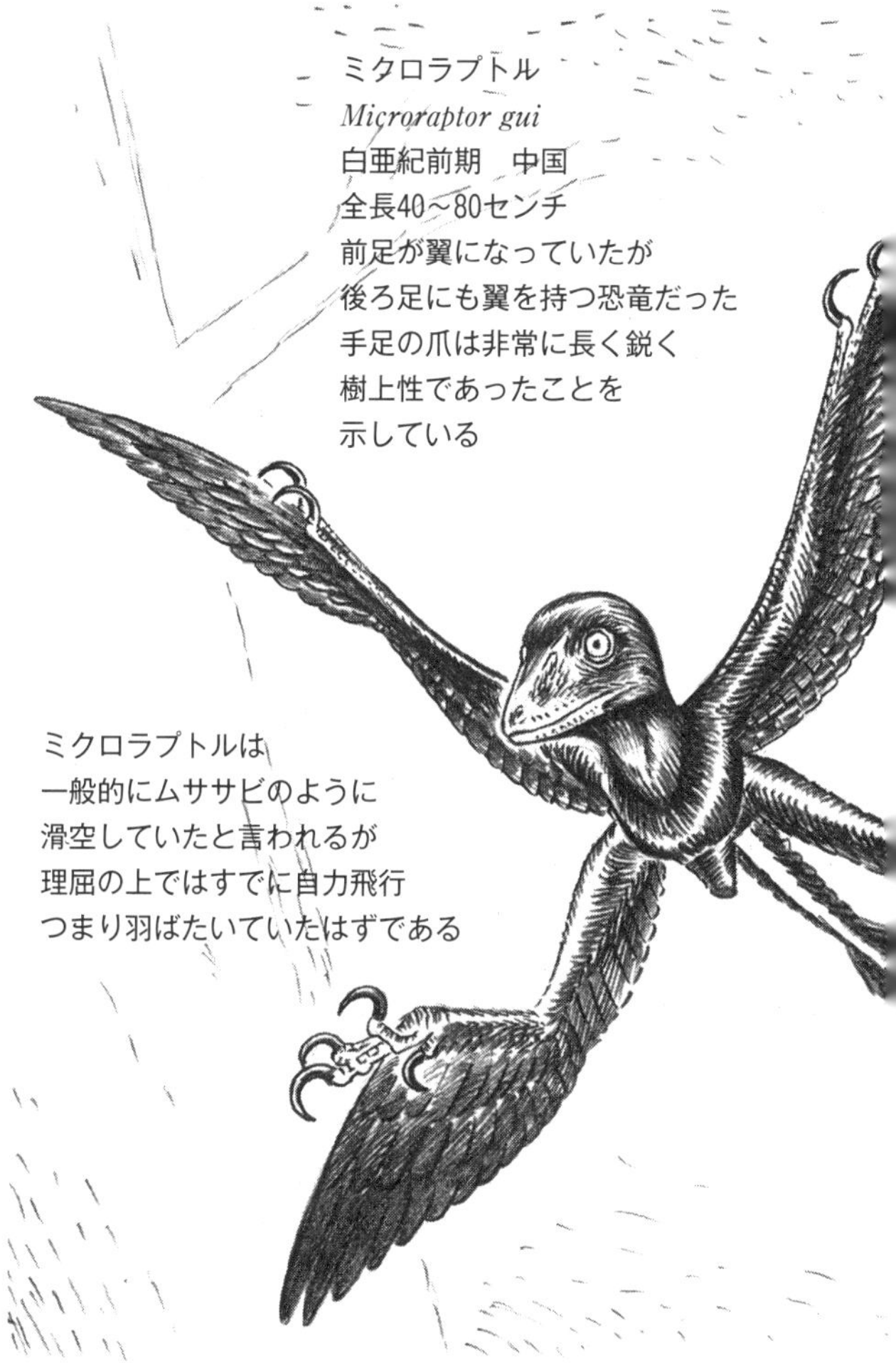

ミクロラプトル
Microraptor gui
白亜紀前期　中国
全長40～80センチ
前足が翼になっていたが
後ろ足にも翼を持つ恐竜だった
手足の爪は非常に長く鋭く
樹上性であったことを
示している

ミクロラプトルは
一般的にムササビのように
滑空していたと言われるが
理屈の上ではすでに自力飛行
つまり羽ばたいていたはずである

ミクロラプトル　始祖鳥より後の時代の祖先

中国東北部、遼寧省に広がる白亜紀の地層。九仏堂累層はそうした地層のひとつである。この地層は湖に堆積した火山灰などからできたもので、時には火砕流に巻き込まれて死んだ動物が化石になったともいわれる。こうして見つかった化石のひとつが、ミクロラプトルだ。ミクロラプトルがいた時代は1億2000万年前。シノサウロプテリクスなどよりやや後のことだ。

ミクロラプトルは小さな恐竜である。全長は40センチ程度。私が子供の頃、一番小さな恐竜というと、それはジュラ紀のコンプソグナトスであった。しかしミクロラプトルはその半分程度の大きさである。発見以来139年、コンプソグナトスは恐竜の最小記録保持者であったが、今やミクロラプトルが最小の恐竜となったのだ。

最小恐竜ミクロラプトルは最初の鳥、始祖鳥とほぼ同じ大きさである。これは大きな意味を持っている。鳥は恐竜から進化したというと多くの人々は違和感を持つ。恐竜というと巨大な動物だ。それが小さな鳥を生み出すとはどういうことか？　もちろん小さな恐竜もいる。例えばコンプソグナトスがそれだ。だがそのコンプソグナトスでも、全長は始祖鳥の2倍以上ある。ところがミクロラプトルの発見で恐竜と鳥をへだてる大きさの壁はもはやなくなった。

体が小さくなることには利点がある。小さい方が飛びやすいのだ。紙飛行機を考えれば分かりやすい。人間サイズの紙飛行機を飛ばすのは大変だが、折り紙の紙飛行機は容易に飛ぶ。ミクロラプトルは恐竜が飛行生物へ進化する過程で見せた、必然的な小型化なのだと言える。

ミクロラプトルは始祖鳥とよく似た特徴を持っていた。どちらも尻尾が長くて全長の半分を占める。ところが尻尾の骨の数自体は少ない。どちらも22個か24個程度しかないのだ。なんてことのない特徴に思えるが、コンプソグナトスもアロサウルスも、尻尾の骨は40近くある。つまりミクロラプトルと始祖鳥は尻尾の骨の数が半分ぐらいにまで減っている。半分とは思い切った特徴ではないか。鳥が最終的に尻尾の骨の数を10個以下にまで減らしてしまうことを考えれば、これは鳥の進化の先駆けでもあった。

ミクロラプトルの手とその指は細長く、始祖鳥とよく似ている。極めつきはミクロラプトルの恥骨が後ろ向きであることだ。恐竜の腰は3つの骨で構成されている。その骨のひとつが恥骨。鳥では恥骨が後ろを向く。しかし肉食恐竜では恥骨が前を向く。これが鳥と肉食恐竜の根本的な違いである。だがミクロラプトルの恥骨は後ろを向くのである。鳥がミクロラプトルたちから進化したことは明白だろう。

気になる点があるとすれば時代が前後していることだ。ミクロラプトルは最初の鳥、始祖鳥より3200万年後の動物である。鳥の祖先が最初の鳥よりも後に現れているわけで、これは矛盾だ。もっともこれは大騒ぎするような話ではない。まずミクロラプトルの仲間がジュラ紀にいたとする。その中から最初の鳥、始祖鳥が進化する。この時、たまたま始祖鳥だけが化石になったと考えれば良い。これはありうる話だ。ドイツのゾルンホーフェンから見つかったのはそもそもコンプソグナトスと始祖鳥だけだった。ミクロラプトルを含めて他の恐竜がすんでいなかったのだろう。しかもこの時代、こんな小さな動物の骨をきれいに保存できる地層はゾルンホーフェンぐらいである。同時代のモリソン累層では不可能な話だ。つまり子孫である始祖鳥だけが化石となって保存されるのだ。

それから3200万年後。始祖鳥はとっくの昔に消え去ったが、祖先であるミクロラプトルは相変わらずそのままだった。これもありうる話だ。生物の進化は生存競争で決まり、その生存競争は他の生物に対する勝ち負けで決まり、勝ち負けは立ち位置で決まる。人間で考えてみよう。立ち位置が変われば人は変わるが、同じままならずっと変わらない。これと同様、生物も立ち位置が同じだと数千万年すぎようが、何億年がすぎようが同じままである。変わらぬままのミクロラプトルが化石になる。すると祖先が子孫より後に化石となる。こうして化石の順番が現実の進化と正反対になるのだ。

ミクロラプトルはおそらく数千万年変化しないままだった。つまり白亜紀当時、ミクロラプトルはすでに時代遅れな生き物だったと言ってよいだろう。事実この時代、子孫である始祖鳥

空を飛ぶミクロラプトル
ここではアヒル座りで
後ろ足の翼を広げる
復元で描いている
中足骨（足の甲）
から長い翼が生える
ひざ
かかと
足の甲

はすでにいない。当時の地層からは始祖鳥よりもずっと進化した鳥の化石が見つかる。ミクロラプトルが時代に取り残された生きた化石であることは明白だ。一方、時代遅れでも生存できたし、他の動物との勝ち負けが変化しないとは、ミクロラプトルには何か長所があったに違いない。ミクロラプトルは意外にも木の上で生活する恐竜だった。それは足の爪を見れば分かる。ミクロラプトルの足の爪はぐるっとカーブして、先端が針のように尖った形なのだ。地上を走ることに向いた爪ではない。恐竜としては異例中の異例である。異例な立ち位置は、そう簡単に奪われたりはしまい。

ちなみにミクロラプトルの化石を見ると、時として足の爪がさほど尖って見えない場合がある。だから、ミクロラプトルが木の上で生活したなんて嘘だ！　偉い先生方はこれが分からんのです！　と大発見してしまう人が時々いるから一応、説明しよう。自分の手の指を見てみよう。指先の骨が爪を支えているのだが、ここで問題だ、私たちの指先の骨と爪の形は同じであろうか？　答えはもちろん違う。要するに、化石の骨＝爪の形だと勘違いするから先ほどのような大発見をしてしまうのである。ミクロラプトルの保存の良い化石だと爪の痕跡まで残しているものがある。それを見ると爪は半月を縁取るように１８０度近く曲がっている。これは木の上で生活する鳥のものとそっくりで、枝を握ることに向いていることは明らかだ。

木の上であれば他の肉食恐竜と競合しないですむ。ミクロラプトルの化石には、食べたものが残されている化石があった。それを調べると、彼らは鳥や樹上の哺乳類を襲っていたようだ。大きさからは想像できない獰猛さである。これを知ると、ミクロラプトルが何千万年も同じ立ち位置で変わらず存続し続けた理由が分かる気がする。しかしミクロラプトルの本当の驚きは別のところにあった。

2003年、ミクロラプトルの新しい化石が報告された。この化石には羽毛が残されていた。しかも腕の羽毛は翼を作っている。そればかりではない。足にも翼があったのだ。つまり四枚羽の恐竜である。これを報告した中国の徐星博士は、ミクロラプトルは木の上で滑空する動物だったと見なした。さらに博士は、こうした滑空する恐竜から鳥が進化したと考えたのである。つまり鳥の進化は樹上で始まった説だ。

これは大胆な説である。恐竜は高速で走る動物としてスタートした。だから体の構造が木に登るようにできていない。このため鳥の進化は走ることで始まったと考えられてきた。つまり鳥の進化は地上で起きた説だ。

地上説か、それとも樹上説か？　実はこの二つの説、矛盾しないかもしれない。なぜなら、始祖鳥やミクロラプトルよりも原始的な肉食恐竜には、すでに翼を持っているものがいたからである。しかもそれらの恐竜はどうみても地上動物なのだ。おそらく翼は飛ぶためのものではなかった。地上説の人が考えたように、最初の翼は羽ばたくことで走る速度を上げたり、ある

サペオルニス
Sapeornis angustis
白亜紀前期　中国
全長50センチ
初期の鳥で
ミクロラプトルと同じ時代に
生きていた

サペオルニスは始祖鳥よりも進化していた
長い尻尾はすでになくなり
長く伸びた尾羽に代わっている
しかし後ろ足にはまだ翼の名残が残っていた
このように鳥がミクロラプトルのような
４枚翼から進化したことは確からしい

いは行動の自由を広げる補助具だったのだろう。ウズラのヒナは最初は飛べず、その翼を羽ばたかせて斜面を駆け上がる。これを考えると走る動物として進化した恐竜が、木の上で生活できるようになれたのは翼のおかげなのかもしれない。ウズラのヒナは羽を羽ばたかせることで、斜面どころか90度の壁を駆け上がり、オーバハングした崖さえも乗り越えられる。

腕に翼を持つ恐竜たちは平面を走るだけでなく、木の幹さえも走ることを覚えただろう。実際、今の鳥でさえ木の幹を登るのではなく、むしろ羽ばたきながら歩いているのだ。こう考えると樹上説と地上説は矛盾しない。

地上で羽ばたき始めた恐竜が木に上がる。そして樹上で飛行を覚えた鳥たちは、その飛行術が上達するにつれて足の翼を捨て去るだろう。四枚羽の翼は、人間が作った飛行機の進化でも存在したものだ。最初の飛行機は四枚羽の複葉機である。それが能力の向上と共に二枚羽になった。実際、初期の鳥はまだ足に小さな翼を残していた。実は始祖鳥もそうなのである。だがこうした痕跡も後にはなくなった。ミクロラプトルがいた白亜紀前期、鳥たちはすでに完全な二枚羽になりつつあった。それを考えると、ミクロラプトルは二枚羽全盛時代に迷い込んだ複葉機のようなものだったと言えるだろう。

ミクロラプトル余談　足の翼の使い方

ミクロラプトルにはもうひとつ語らねばならないことがある。それは彼らが足の翼をどう使ったかだ。ミクロラプトルが四枚羽の複葉機だとすると、足の翼は横に突き出ていたのだろう。問題はどうすればそういう姿勢が可能になるのかだ。ミクロラプトルの足の翼は中足骨から生えていた。中足骨とは人間でいうと足の甲のことである。ミクロラプトルたち肉食恐竜はつま先立ちで歩く。想像してみよう。私たちがつま先立ちする。そして足の甲から長い翼が生える。翼の生える向きは普通に考えて後ろだろう。そして私たちがミクロラプトルなら腕にも翼が生えている。これで飛ばなければならない。

腕の翼の使い方は分かりやすい。現在の鳥の動作を見れば分かるからだ。では足の翼はどうする？　足の甲から後ろに生えた翼は、そのままでは翼にも何にもならない。なんとかして足と翼を横へ広げないといけないのだが、どうしたらいいだろう？　一番簡単な解決は股を大きく広げることだ。前から見ると手足を大の字というかX字のようにのばせば良い。腕の翼は横に、足の翼は斜め下に広がる。実際、こういう紙飛行機があるから、飛ぶには問題ないはずだ。ただし股を広げる姿勢には根本的な欠陥がある。恐竜の足はこういう姿勢を取ることができな

後ろ足を開脚して足の翼を広げる
一般的なミクロラプトルの復元だが
恐竜の大腿骨がこういう
姿勢を取れたのか疑問である
左は現在の鳥セッカ
開脚しているように見えるが
これはアヒル座りらしい
この本のミクロラプトルは
この姿勢に準拠している

いのだ。恐竜の太ももの骨は、腰にはまる場所で90度直角に折れている。恐竜の股関節は、クランクを穴に突っ込んだような状態なのである。これでは股を広げる動作などできない。

この問題をどう解決すれば良いものか？　ひとつの可能性はミクロラプトルは股を広げることができた、というものだ。ミクロラプトルの化石はどれも骨の保存があまり良くない。もしかしたら私たちが確認できないだけで、股割りできる特別な構造があったのかもしれない。だが、確認できない場所に都合のいい理屈を落とし込むのは、論として感心できないものだ。

あるいは翼を横にすることをあきらめる人もいる。つまり足を下にのばして飛ぶのだ。この場合、ミクロラプトルの足の翼はただの垂直尾翼である。しかしこれは間違いだろう。なぜならミクロラプトルの足の翼は風切り羽だからだ。風切り羽は前後非対称であることが特徴だ。この構造は体を上に持ち上げる力、つまり飛行に必要な揚力を生み出すものなのである。揚力を生み出す羽を垂直尾翼にするというのは理屈にまったく合わない。

股割りも駄目、垂直尾翼も駄目。しかしここまで聞いて怪訝に思う人もいるであろう。そんなのアヒルさん座りをすれば良いだけじゃないかと。確かにそうなのだ。私たちがアヒルさん座りをすると、股割りせずに足の裏を外へ向けることができる。ミクロラプトルならここから外へ翼が生えているわけで、なんだ、あっさり問題解決ではないか。

あるいは鳥に詳しい人なら、そんなのセッカがやっていることじゃないか、と即座に言うだろう。セッカとはアシなどが生い茂る草地にすむ鳥だ。この鳥は立ち並ぶアシの茎を掴むために足を横に広げるのである。まるで股割りをしているようだが、どうも違う。股割りをすれば膝が体から離れるであろう。ところがセッカが足を広げてアシの茎を掴む時、膝は体にぴったりついたままである。そもそも鳥の足は膝が胴体と一体化している。膝が胴体から離れるわけがない。セッカの動作は股割りではなく、アヒルさん座りであると考えるべきだろう。

もっと色々な鳥がアヒルさん座りできることに私が気づいたのは、13年前の2004年、バイトの帰りにカラスに食われたカルガモの死体を調べた時のことであった。その後、調べてみるとスズメもメジロもヒヨドリもツグミもこれができるのだ。どうやら鳥は普通にこういう動作が可能らしい。これを考えるとミクロラプトルもアヒルさん座りできたと考えて良いだろう。そう考えれば万事解決なので、この本ではそういう復元でミクロラプトルを描いている。

なお、ミクロラプトルは一般的にグライダーのように滑空したとされているが、この本ではこの説を取らなかった。ミクロラプトル以前に翼を持っていた恐竜がいるからである。彼らは多分、翼を歩行の補助具として用いた。その延長にミクロラプトルがいるのなら、その飛行は必然的に動力飛行だということになる。つまり羽ばたいて飛んでいたと考えるべきだろう。

ディノニクス
Deinonychus
antirrhopus
白亜紀前期　北米
全長２～３メートル

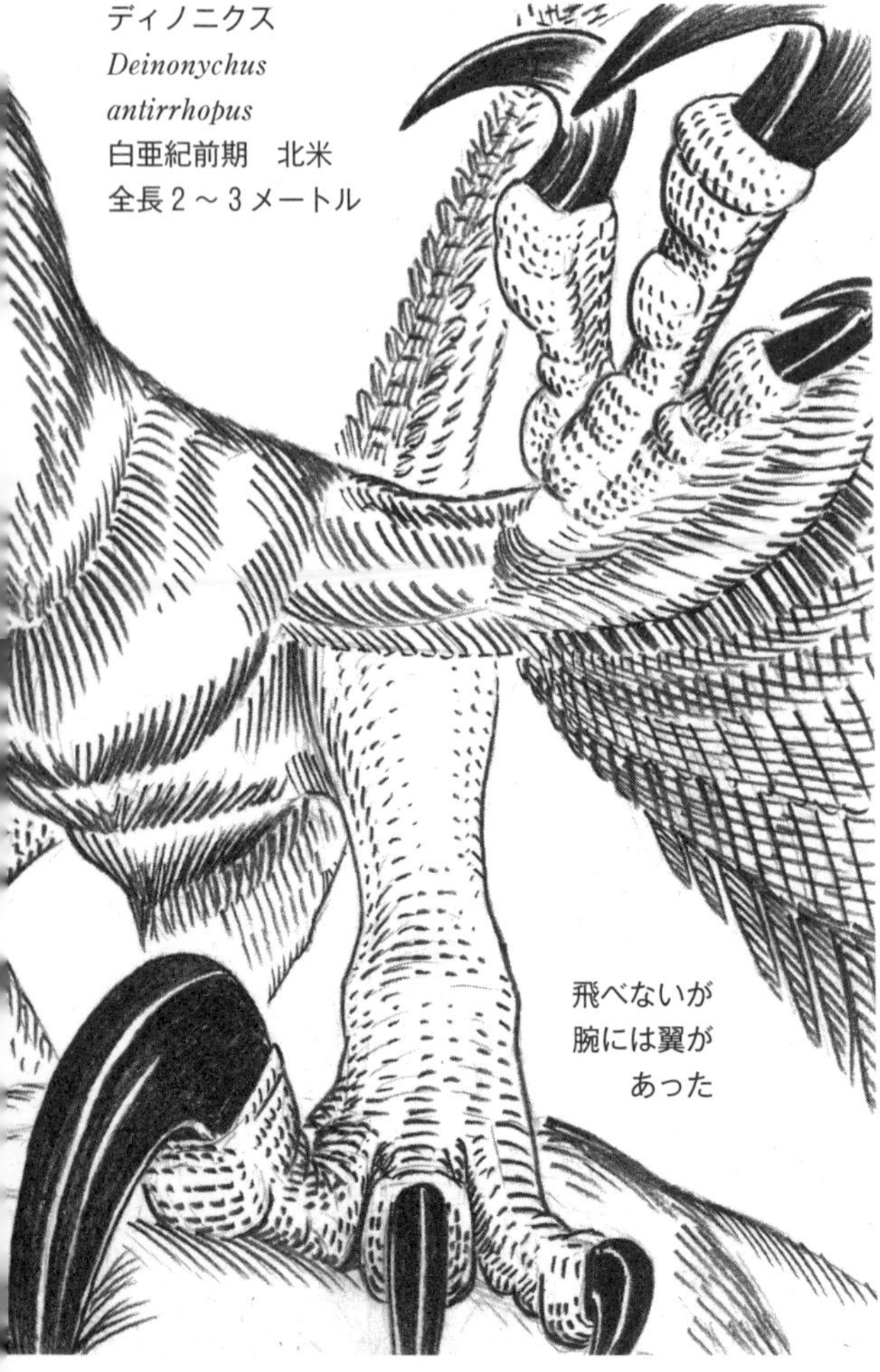

飛べないが
腕には翼が
あった

若いテノントサウルスに
飛び乗って
押さえ込んだ
場面

ディノニクス　恐竜と鳥の鎖骨問題

今度の舞台はアメリカだ。モンタナ、ワイオミング両州にあるクローバリー累層。この地層ができたのはだいたい1億1300万年前である。中国にミクロラプトルがいた時代から700万年ばかり後のことだ。当時ここは暑い気候で、雨の多い季節と少ない季節があったらしい。クローバリー累層は川で堆積した土砂からできていて、何種類かの恐竜が見つかる。鎧を身にまとった鳥盤類サウロペルタ、イグアノドンに似たテノントサウルス。しかし一番有名なのはディノニクスだ。この恐竜は70〜80年代に恐竜学の方向性を決定づけた恐竜である。

ディノニクスは頭の長さが22センチ程度、全長2・6メートルに達した肉食恐竜だ。この恐竜は長い腕を持ち、手のつくりは始祖鳥とよく似ている。大きさはまるで違うが、それでも両者はそっくりだ。極めつきは腰だ。ディノニクスの腰の骨、恥骨は後ろに伸びていた。これは鳥の特徴である。ディノニクスが鳥に一番近い肉食恐竜であることは明らかだった。70年代にディノニクスを研究したオストロム博士は、鳥が恐竜から進化したと気がついた。こうして現在の鳥恐竜説が成立したのである。

さて、ここまで読んでいて幾人かの人は疑問を感じたであろう。まずこの話は先ほどミクロラプトルでしたことと同じではないのか？　その通りである。ミクロラプトルはディノニクスの仲間なのだ。ディノニクスで成立する話はミクロラプトルでも成立するし、そもそもこちらの発見が先だ。しかしもうひとつ疑問を感じる人がいるだろう。コンプソグナトスのところで私はこう書いた。150年前、ハックスリー博士は鳥が恐竜から進化したことを示したと。すでに鳥恐竜説が提案されているのに、なぜオストロム博士は同じことを繰り返したのか？

実は、鳥恐竜説は1920年代に一度捨てられてしまったのである。鳥は鎖骨を持つが、恐竜は鎖骨を持たない。鎖骨を持たない恐竜から鎖骨を持つ鳥が進化することはありえない、こういう理屈であった。実際には恐竜は鎖骨を持っている。単に鎖骨は繊細なので残りにくいだけであった。というか、1920年代当時、すでに恐竜の鎖骨は見つかっていたが、別の骨だと勘違いされていたのである。

つまり、もっともらしい根拠を言っているが、20年代の人々はよく調べていなかっただけらしい。20世紀前半はダーウィン進化論が無意味に衰退した時期だった。それが原因かもしれない。鳥恐竜説を最初に唱えた19世紀のハックスリー博士は、ダーウィン進化論の熱心な擁護者であった。進化の証拠を探す彼だからこそ、鳥と恐竜の共通点に気がついたとも言える。

そうであれば反対にダーウィン進化論が衰退すれば、研究者は鳥と恐竜の共通点を熱心に探したりしない。鎖骨が本当に見つかっていないのか、確認することもあるまい。こうして鳥恐竜説は安易に放棄された。しかしそれから半世紀が過ぎた70年代。鳥恐竜説は復活する。その力となったのがディノニクスなのである。ディノニクスはあまりにも始祖鳥と似ている。それは停滞した科学をなぎはらう力を持っていたのだ。

研究が進むと、ディノニクスの狩りが飛行の始まりだと考えられるようにもなった。意外かもしれないが、ディノニクスは腕を体の前に直接のばすことができない。彼らの肩の関節は横を向いているのだ。ディノニクスはひじを横に向けるのが精一杯。しかしひじから先は前に曲げることができる。さて、肉食恐竜の最大の武器は歯だ。それなら長い腕で獲物を口元にかきよせ、歯で切り裂いたら勝ちである。

このためには下腕や手が長い方が良い。ひじ先しか前に向けられないとなったら、そうなるのが道理だ。実際、ディノニクスは手が大きい。上腕や下腕と同じぐらいの長さがあるのだ。人間がディノニクスと同じプロポーションなら、手の長さが今の2倍になる。想像してみよう。恐竜のように背中を水平にする。そしてひじを外へ突き出し、しかしひじから先は前へ向ける。そして口元へ寄せるように手を動かす。これがディノニクスの補食動作だ。やってみると分かるが、これ、鳥が羽ばたく動作と似ている。もしかしたらこの動作が飛行へつながったのかもしれない。確かにこの本では、翼は羽ばたいて崖や障害物を乗り越える時に使われたのが始まりとしている。だが、この説は比較的新しいものだ。これに対し、ディノニクスの補食動作が飛行につながったという説はより古く、よりスタンダードだ。このことは付記しておこう。

さて停滞した科学をなぎはらい、鳥恐竜説を復活せしめたディノニクスとオストロム博士。だがディノニクスにまつわるもうひとつの仮説は現在、すたれつつあるようだ。それはディノニクスが群れで狩りをしたという説である。

クローバリー累層からは、複数のディノニクスの化石が、植物食恐竜テノントサウルスと一緒に産出した。オストロム博士はこれを、ディノニクスが群れでテノントサウルスを狩りたてた証拠だと考えた。つまり、捕食者と獲物、双方が共倒れになって死んで埋まり、化石になったという解釈だ。70年代当時、恐竜は下等な爬虫類で複雑な行動はできない、研究に値する動物ではないと考えられていた。しかしこの説の出現でそれは変わる。恐竜は群れで獲物を狩りたてる高度な知能を持っていた。ディノニクスは一般人だけではない、研究者の恐竜観さえも変えた。これ以後、恐竜は研究する価値がある存在となり、恐竜学の興隆をまねく。恐竜学に果たしたオストロム博士とディノニクスの貢献は大きい。

だがディノニクスが集団で狩りをしたという証拠は、実際のところそう強いものではない。例えば奇妙なことに、テノントサウルスの骨にはかじられた痕がない。すべてのディノニクスが返り討ちにされて、生き残って食べる者がいなかった。そう解釈することもできる。だがそれなら、関係ない遺骸が同じ場所に流れ着きましたでも良いだろう。むしろそっちの方が状況

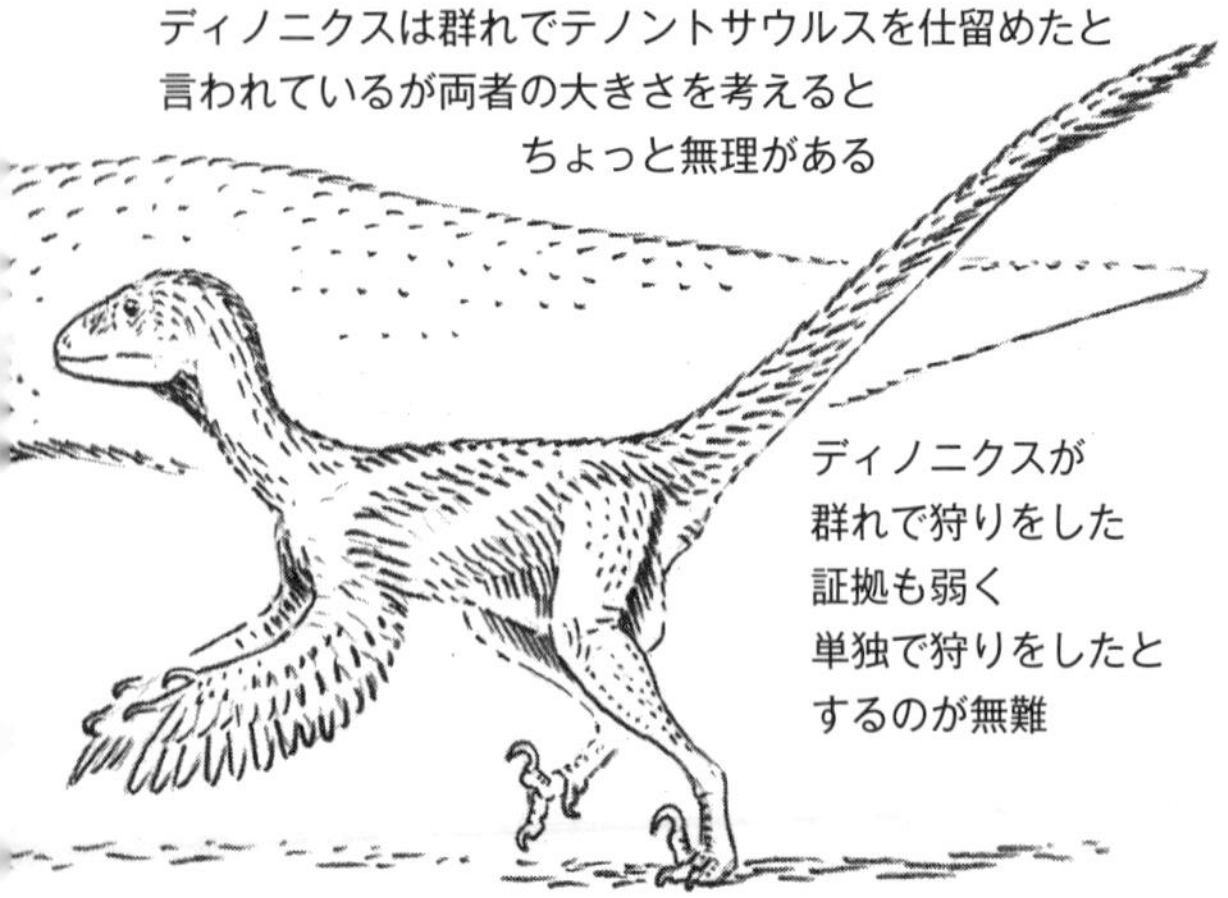
ディノニクスは群れでテノントサウルスを仕留めたと
言われているが両者の大きさを考えると
ちょっと無理がある
ディノニクスが
群れで狩りをした
証拠も弱く
単独で狩りをしたと
するのが無難

と整合的だ。それにテノントサウルスの大きさは全長5メートル弱。群れで倒すにしても、ディノニクスにとって大きすぎる。こんな体格差の獲物を倒すのは、現在のライオンやオオカミでもまれだ。こういうまれな事例で化石を解釈することには無理がある。集団で狩りをしたという説に疑問を投げかける人は多いが、それは当然だろう。ディノニクスは単独で狩りをしたと考えるのが無難だ。

それでもディノニクスは恐るべき捕食者だった。ディノニクスの足の人差し指は、関節の構造がネコの指と似ている。ネコは普段、指を背面に曲げて爪を地面から離す。そして必要な時に指をのばして爪を出す。ディノニクスの足の人差し指はこれと同じことが出来るのだ。つまりこの爪はネコと同様、武器なのである。しかも爪を支える骨の

ディノニクスと同じ地層から見つかる鳥盤類
テノントサウルス *Tenontosaurus tilletti*　全長5メートル

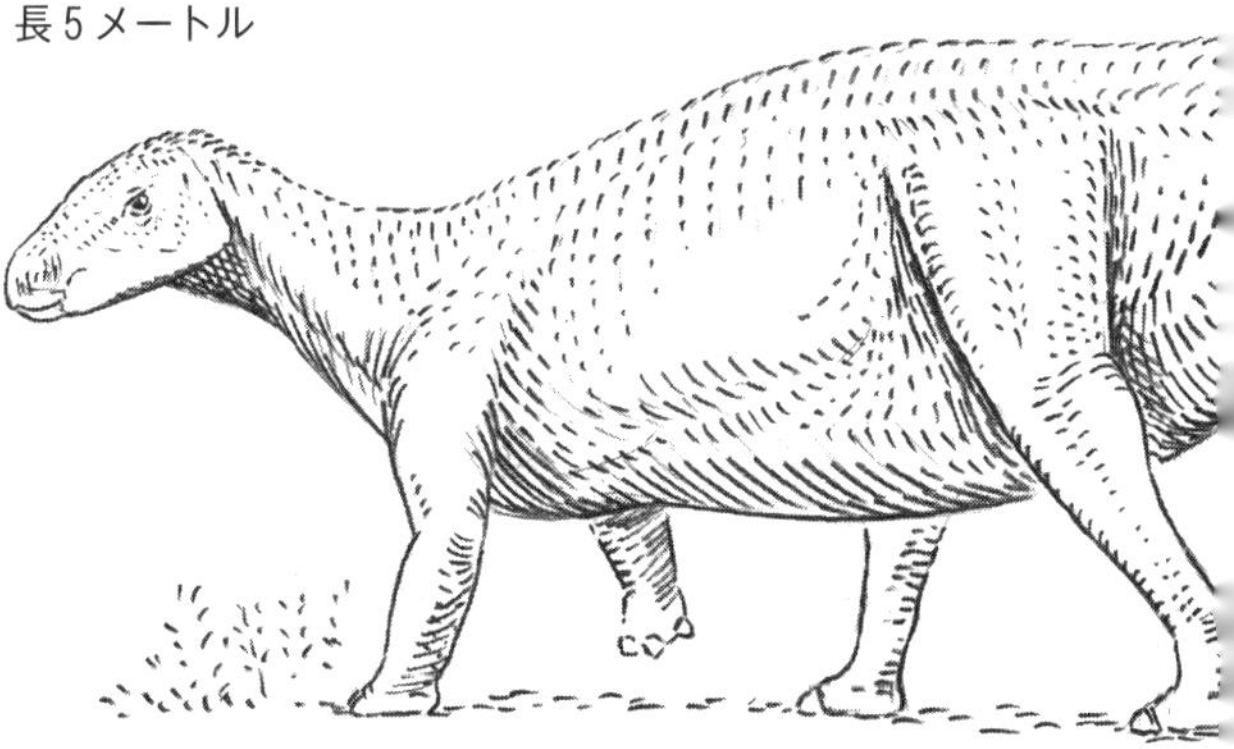

長さ10センチ。大きさはヒグマの爪とほぼ同じだ。

ディノニクスが単独で狩りをしたと考える研究者は、ディノニクスがこの巨大な爪で獲物を押さえ込んだと推測している。これは現在のワシなどの狩りを参考にした復元だ。単独のディノニクスでも、子供のテノントサウルスなら倒せただろう。この場合、獲物の体重は人間の大人ぐらいである。飛び乗って足のカギ爪で押さえ込めば良い。長い腕と手も獲物を押さえる役割を果たす。そうして歯で切り裂いてとどめをさすのだ。獲物は出血で死ぬだろう。あるいは現在の肉食鳥類と同じく、押さえ込みに成功したら、獲物が生きていても食べ始めるのだ。

クロノサウルス
Kronosaurus queenslandicus
白亜紀前期　オーストラリア
全長12メートル
エロマンガサウルスの発見によって
クロノサウルスが他の首長竜を食べていた
　ことが明らかとなった

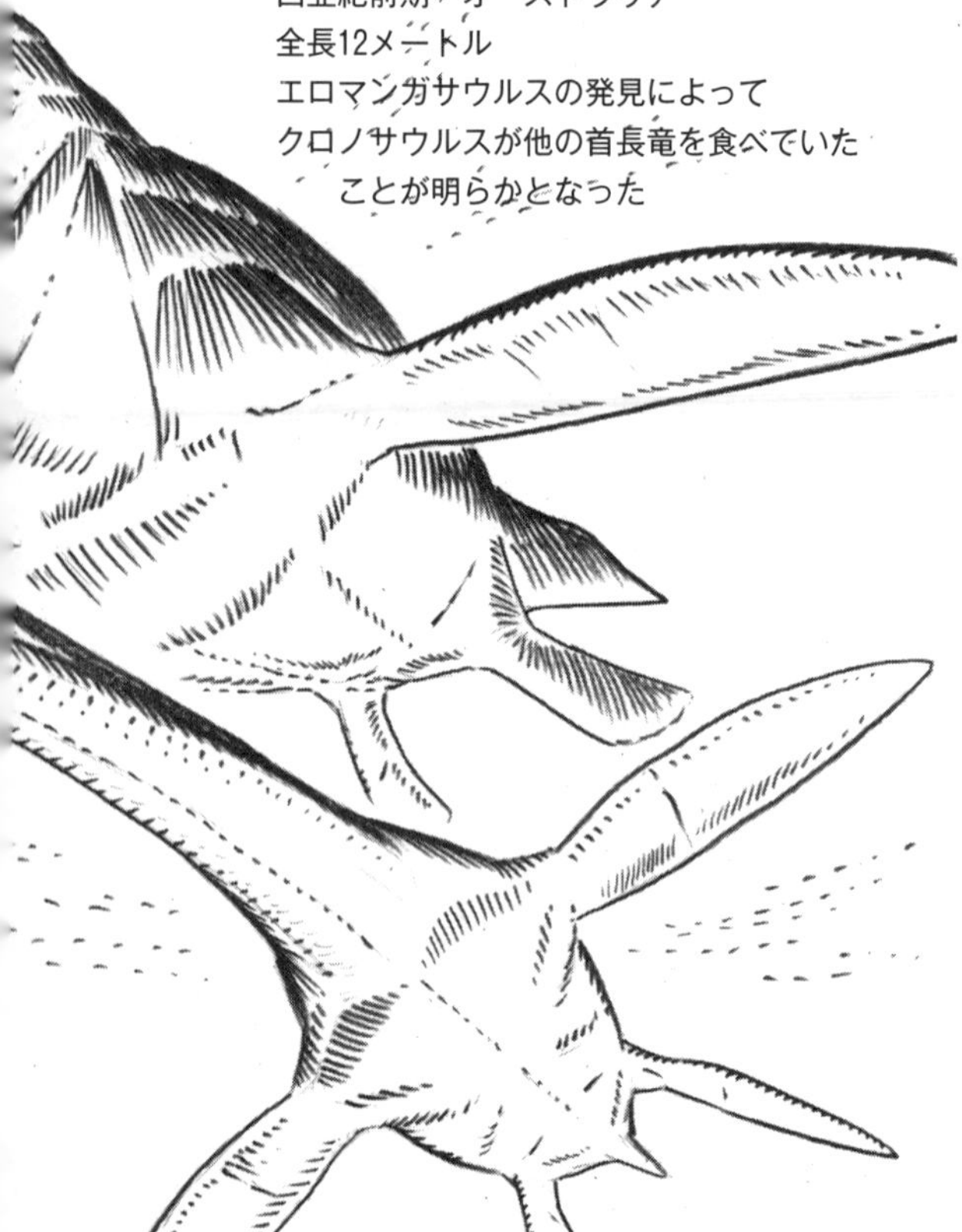

エロマンガサウルス
Eromangasaurus carinognathus
白亜紀前期
オーストラリア
全長９～10メートル？　古典的には *Woolungasaurus* あるいは *Tuarangisaurus* と呼ばれていた
見つかった化石は頭をクロノサウルスにかみつぶされていた

エロマンガサウルスとクロノサウルス　頭蓋骨の穴

これまで白亜紀の北半球を見てきた。ここで目を南半球に向けてみよう。南半球最初の舞台はオーストラリアのクイーンズランド州。ここにエロマンガ盆地という場所がある。石油資源があることで注目されている土地だが、石油は海で堆積した植物プランクトンの成れの果て。つまりこの盆地はかつて海だったことが分かる。年代はおよそ1億年前。この時代、地球の活動はますます活発で、熱がこもった海底が膨張し、あふれた海水によって低地のことごとくが水没していた。この海にいたのがエロマンガサウルスである。

エロマンガサウルスは首長竜だ。見つかったのはひしゃげた頭骨と、いくつかの首の骨だった。頭骨の長さはおよそ44センチ。近縁種から推測すると全長は9~10メートルになっただろう。9500万年前のジュラ紀にいたプレシオサウルスと比べると、3倍の巨大化である。エロマンガサウルスは長い首を使って、魚釣りをするように獲物を捕まえた。泳ぎながら獲物の群れを見つけると。長い首をたわめるように動かし、上から次々に捕らえたのである。

エロマンガサウルスが報告されたのは2005年だ。ただし発見はずっと前の1982年である。首長竜の化石は保存の悪いものが多く、特徴をつかみにくい。エロマンガサウルスは当初、ウールンガサウルスだろうと考えられた。その後、トゥアランギサウルスだと考えられ、それからどうやら新種らしいとなった。そしてついた名前がエロマンガサウルスである。ちなみにエロマンガとは先住民アボリジニの言葉が由来だそうだ。意味は風の平原。この盆地の様子を指し示す先住民の言葉が地名となり、さらに首長竜の名前になったのである。

このエロマンガサウルスの頭骨には破壊の痕がある。下顎と側頭部が、なにか鋭い鈍器のようなもので押し込められ、骨がくだけて陥没しているのだ。これは歯の痕である、エロマンガサウルスは、巨大な肉食獣に頭を噛まれたのだ。エロマンガサウルスの頭に残る歯形の間隔は20センチある。これだけ間隔を置いて歯が生えているとは、よほど巨大な頭部を持つ動物だろう。当時エロマンガの海に生息し、該当する唯一の大爬虫類がクロノサウルスである。

クロノサウルスも首長竜だが、エロマンガサウルスとは体型がまるで違う。全長は12メートル。それに対して頭の長さが2・5メートル。首は短く、ほとんど目立たない。クロノサウルスは首を短くして頭を巨大化させた首長竜なのだ。要するに、大きな獲物を倒す方向へ進化した海の巨獣だったのである。その歯は円錐状の頑強なもので、大きさ15センチ。これでエロマンガサウルスの頭を砕いたのだ。クロノサウルスとは時間の神クロノスのトカゲという意味。18世紀の画家ゴヤの作品に我が子を食らうサトゥルヌスがある。あの陰惨な絵画の中で人体を食い破る巨人こそがクロノスだ。その名にふさわしい海の王者だったのである。

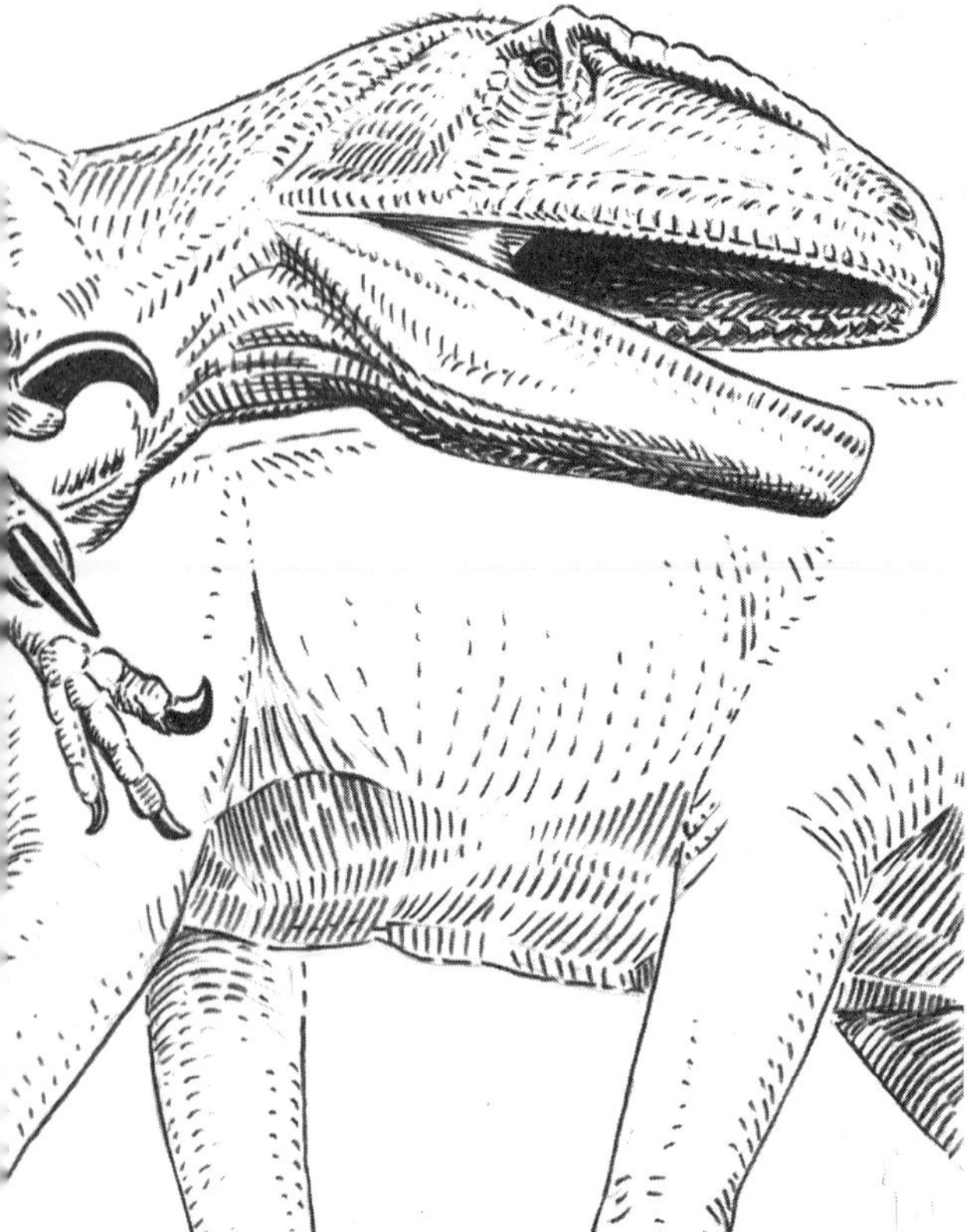

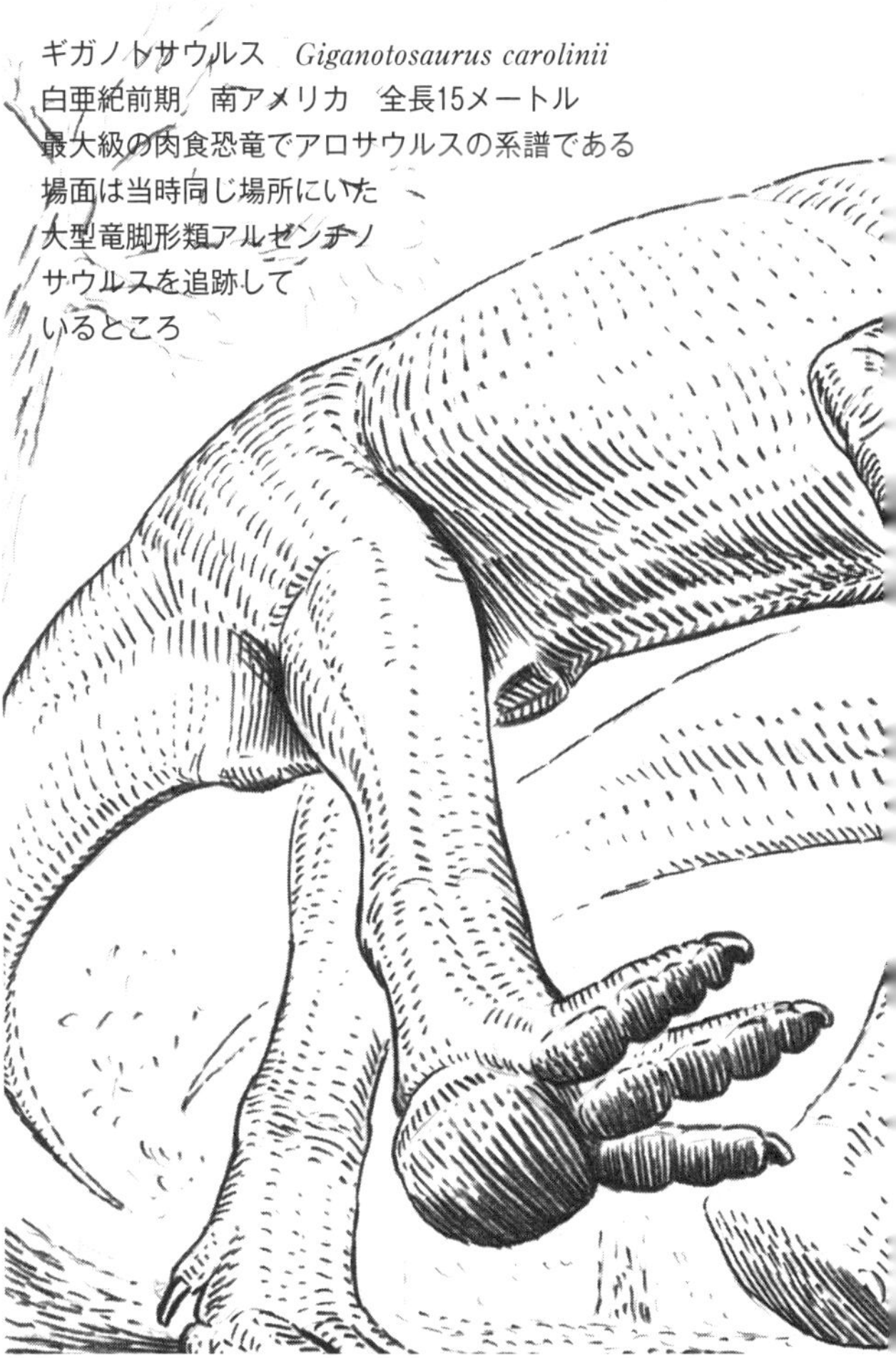

ギガノトサウルス　*Giganotosaurus carolinii*
白亜紀前期　南アメリカ　全長15メートル
最大級の肉食恐竜でアロサウルスの系譜である
場面は当時同じ場所にいた
大型竜脚形類アルゼンチノ
サウルスを追跡して
いるところ

ギガノトサウルス　破城槌のような突進力

パンゲアの分裂により地球の大陸は北半球と南半球に分かれ、白亜紀の陸上動物は、南北それぞれ別々の進化の道を歩むことになった。南半球の特徴は、ジュラ紀の恐竜たちがそのまま存続したことだ。植物を食べるのは竜脚形類であり、鳥盤類はあまり目立たない。そして巨大肉食恐竜はアロサウルスの仲間のままだった。しかし体ははるかに巨大化した。

南米のリヨ・リマイ累層からは巨大竜脚形類アルゼンチノサウルスなどが見つかる。地層の年代はおよそ1億年前。1995年に見つかったのがギガノトサウルスだ。発見されたのはいくつかの骨と、ほぼ完全な頭骨。頭の大きさは180センチあった。大型のアロサウルスには頭骨120センチのものがいたが、その1・5倍である。アロサウルスの体型はだいたい10頭身だ。単純に考えるとギガノトサウルスの全長は頭骨180センチの10倍、18メートルとなるが、そこまで大きくなかった。ギガノトサウルスは体に対して頭が大きいようなのだ。見つかった骨が少ないので比較は難しいが、全長は15メートルほどらしい。それでもギガノトサウルスは13メートル級ティラノサウルスすら凌駕する最大級の肉食恐竜であった。

一方、足はティラノサウルスほど長くはなかった。ギガノトサウルスの足の長さは推論するに3メートルぐらいだろう。これは4メートルにせまるティラノサウルスよりもやや短い。ティラノサウルスより大きく、足がやや短いので腰が低くなる。だから体型は足のついた破城槌のような感じになる。破城槌、つまり、敵の城の門に打ち付ける巨大な丸太状ハンマーのことだ。ギガノトサウルスのこうした姿は、鳥に似た体型のティラノサウルスとは対照的である。北半球の王者となるティラノサウルスは、本来、高速で疾走する捕食者だ。彼らが走れないのは巨大化したからにすぎない。これに対し、アロサウルスの系統は機敏な動作をする体型を進化させなかった。多分ギガノトサウルスは獲物に向かってのしのしと突撃したのだろう。

ちなみにギガノトサウルスは時速40キロで走れたという論文がある。これを聞くと巨大恐竜も走れたんだ！ と感激する人もいれば、なんでティラノサウルスだけ走れないと言われるんだ⁈ と怒る人もいる。愛ゆえの怒りなのだが、この話、気にする必要はない。この論文は、動物の走る動作は理想状態ではある速度に収束する、その速度はギガノトサウルスの場合、時速40キロである。そう言っているだけだからだ。つまるところ、その速度を出す筋肉の問題を解決していないのである。出力が解決されないのではギガノトサウルスはやはり走れない。彼らはのしのしと突撃する。だがそれは人間にとっても獲物にとっても十分脅威のスピードである。ギガノトサウルスが突撃する相手は最大級の竜脚形類アルゼンチノサウルスだったかもしれない。生ける破城槌は、巨大な城を撃破しただろう。

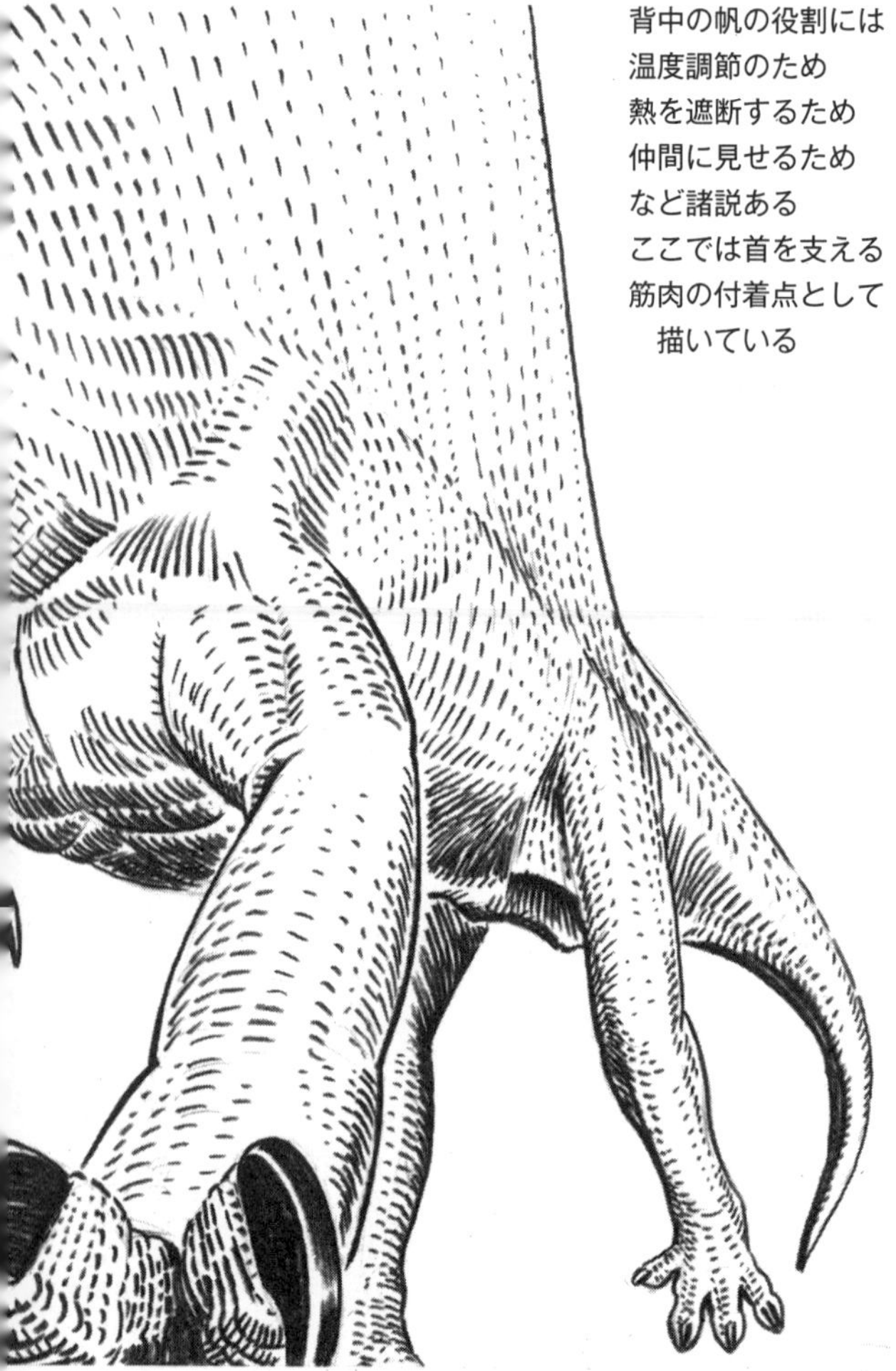

背中の帆の役割には
温度調節のため
熱を遮断するため
仲間に見せるため
など諸説ある
ここでは首を支える
筋肉の付着点として
　描いている

スピノサウルス
Spinosaurus aegyptiacus
白亜紀前期　北アフリカ
全長15メートル
肉食恐竜としては異例中の異例
前足も使った四足歩行をした
場面は砂浜を歩いているところ

スピノサウルス　シーラカンスをぱくり

ギガノトサウルスがいた南アメリカから、今度はエジプトに目を移してみよう。この地に広がる広大な砂漠。そのまっただ中にあるオアシスがバハリアだ。バハリアのオアシスには、川が注ぐ海辺で堆積した地層が広がっていた。地層の年代は1億年あまり前。そしてこの地層から見つかり1915年に報告された恐竜がスピノサウルスである。

見つかったのは背骨と下顎、そして歯であるが、なんともおかしな化石だった。背骨には高い突起がついていた。この突起は本来なら背中を走る神経を守るものだ。だがスピノサウルスの場合、本来の役割以上に伸びて、高さ2メートルに達していた。スピノサウルスという名前はトゲを持つトカゲという意味だが、この名はこの特徴をあらわしたものである。背中にずらりと高い突起が並んでいるのだから、多分、スピノサウルスは背中に帆があったのだろう。

見つかった下顎は細長くワニに似ていた。鋭い歯は肉食であることを示しているが、肉食恐竜なら持っている歯のギザギザがない。歯の形は、これもまたワニに似ていた。背中に帆を持ち、ワニに似た肉食恐竜。これほど注目に値する恐竜はなかなかいないだろう。だが、研究は半世紀以上、進むことはなかった。スピノサウルスの化石を発掘したのはドイツの研究者で、化石はミュンヘンに展示されていた。1944年、第二次世界大戦のさなか、イギリス軍のミュンヘン空爆で大勢の人々が殺され、スピノサウルスの化石も失われてしまったのである。

スピノサウルスの全容が明らかになったのは2014年。発見から100年後だった。モロッコなどから新たに見つかったスピノサウルスの化石、これらはいずれも断片的だが、つなぎ合わせて考えることで謎めいた全体像が分かったのである。全長15メートル。スピノサウルスはメガロサウルスの仲間らしい。メガロサウルスと同様、頭骨が細長いのである。ただスピノサウルスの頭骨は、メガロサウルスよりはるかに細長かった。全体としては水鳥を思わせる形である。しかし口先にはワニのような歯が生えていた。その様子はパンを摑むトングに似ている。ワニに似た歯ということは、スピノサウルスは魚を食べたのだろう。

しかしもっと驚くのは体型である。スピノサウルスは腕が非常に頑強だ。しかし腰と後ろ足は小さい。胴体も長く、体型から考えると、明らかに四足歩行である。さらに足の親指が長いのだ。肉食恐竜の足の親指は地面につかないのが普通だが、スピノサウルスはついてしまう。これはぬかるみの中を歩いたり、水をかいて泳ぐ時に有利な形だ。どうもスピノサウルスは四足歩行で水中生活をする恐竜らしい。こんな恐竜は他にはいない。もしかしたら水かきももっていたかもしれない。当時、このあたりの海には巨大なシーラカンスがいた。スピノサウルスは海の中を泳ぎながら、トングのような口先でシーラカンスを捕まえたことだろう。

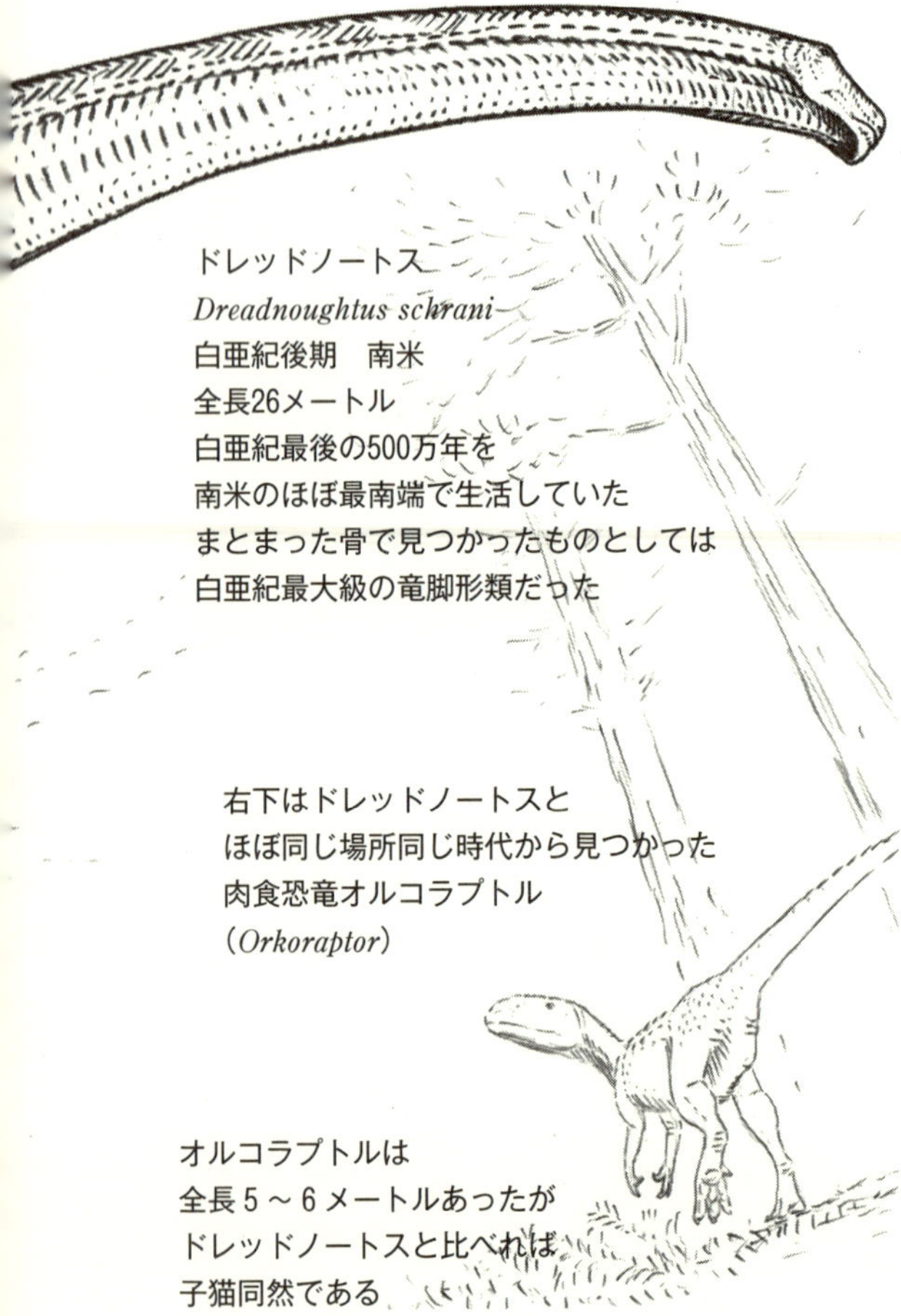

ドレッドノートス

Dreadnoughtus schrani

白亜紀後期　南米

全長26メートル

白亜紀最後の500万年を

南米のほぼ最南端で生活していた

まとまった骨で見つかったものとしては

白亜紀最大級の竜脚形類だった

右下はドレッドノートスと

ほぼ同じ場所同じ時代から見つかった

肉食恐竜オルコラプトル

（*Orkoraptor*）

オルコラプトルは

全長５～６メートルあったが

ドレッドノートスと比べれば

子猫同然である

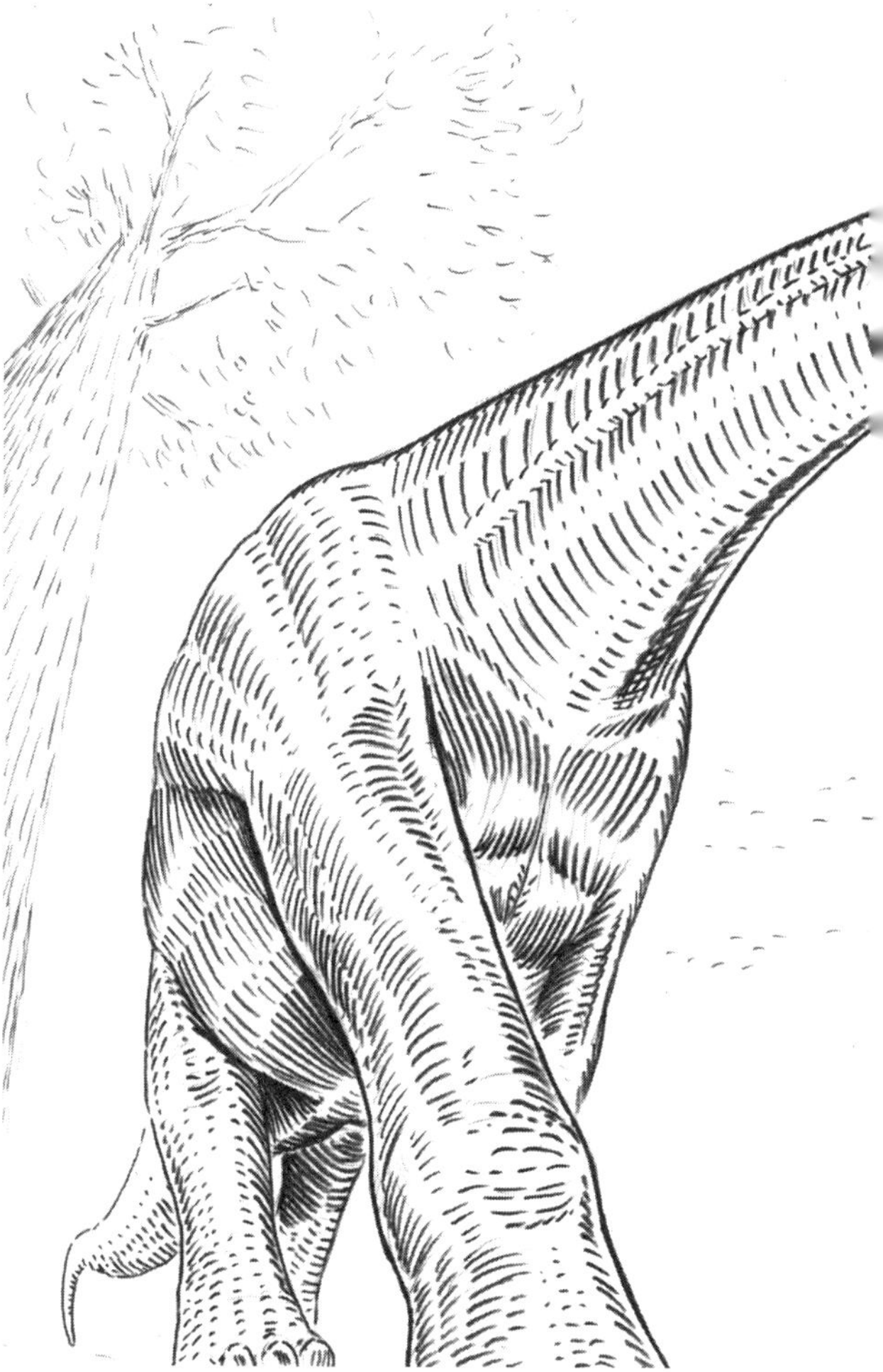

ドレッドノートス　白亜紀最重量級の迫力

白亜紀、南半球では竜脚形類が繁栄を続けた。先に登場したギガノトサウルスが見つかった南アメリカの地層からは竜脚形類アルゼンチノサウルスが見つかっている。これは超巨大種だったらしい。そしてスピノサウルスがいたエジプトからは竜脚形類パラリティタンが見つかっている。見つかったのは1・69メートルにもなる上腕骨などで、ブラキオサウルスにせまる大型種であることは間違いない。しかしこれら白亜紀の巨大竜脚形類はいずれも化石が断片的で、全長がよく分からない。

こうした中、アルゼンチンで発見され、2014年に報告されたのが巨大竜脚形類ドレッドノートスである。時代は7000万年前。見つかったのは胴体と手足、そして腰と尻尾。これらはほぼ完全だ。一方、頭は顎のかけらだけ、首の骨は二つ見つかっただけだ。だがこれだけあれば全身の体型を推し量るに十分である。ドレッドノートスの全長は26メートル。十分な量の骨が見つかった竜脚形類としては、白亜紀最大と言って良い。さて、ドレッドノートスは頭がほとんど見つからなかったので、葉っぱをむしって食べたということしか分からない。詳しいことは将来の発見にまかせて、ここではドレッドノートスの売りである、その巨大さと、竜脚形類の大きさに注目してみよう。

恐竜は大きな動物という印象があるが、それはあまり正しくない。哺乳類の絶滅種を見ると、彼らもやはり恐竜同様の巨体を誇っていたからだ。だがしかし、巨大哺乳類も、他の恐竜たちも、徹底到達できない巨大化を達成した種族がいる。それが竜脚形類である。だから人は竜脚形類に畏敬の念を覚える。イベントの目玉になる。そして混乱して次のように言う。最大の恐竜って聞くたびに変わるし、大きさもころころ変わるよね？　どうなってるの？

この疑問は正しい。巨大竜脚形類は見世物小屋の怪物だ。それゆえ皆が、自分の見つけた恐竜が最大だ！　今回のイベントの恐竜が最大だ！　と宣伝する。だから数字がいい加減だったり、ふかしだったり、後から訂正されるのである。この混乱を簡単にひも解きながら解説していこう。これはドレッドノートスの有様を理解する助けにもなることだ。

竜脚形類が巨大化の頂点を極めたのは、先に紹介したジュラ紀末であった。アパトサウルスなどが見つかる北アメリカのモリソン累層からは、長さ2・4メートルの骨が見つかっている。これは竜脚形類の肩の骨であり、スーパーサウルスという名前がつけられた。直訳すれば超トカゲ、意訳すれば超でっかいトカゲだ。確かにでかい。スーパーサウルスの肩の長さは類縁種の1・6倍だ。ここから計算するとスーパーサウルスの全長は40メートルになる。

全長40メートル！　この数字には思わず興奮してしまうところだが、動物のプロポーション

代表的な大型竜脚形類とドレッドノートスとの比較
右からブラキオサウルス　全長25メートル
ドレッドノートス　全長26メートル
セイズモサウルス　全長33メートル

は種族によってずいぶん違う。だから1個の骨から計算した全長はあまり当てにならない。このことは同じくモリソン累層から見つかったセイズモサウルスを見れば分かる。

セイズモサウルスの名前の意味は地震トカゲ、大地を揺らして歩く大爬虫類という意味である。セイズモサウルスは胴体と腰の骨、そして尻尾の半分が見つかった。スーパーサウルスよりもたくさんの部分が見つかり、しかも推定全長39メートル。最大の恐竜だと宣伝された。でも話は簡単ではない。例えば背骨の高さで比べてみよう。するとセイズモサウルスは類縁種の1・5倍だから、全長37メートルだ。ところが太ももの骨で比べると1・17倍で29メートルになる。大きいには違いないが長さが8メートルも変わる。この

先頭をいくゾウは
肩高4メートル
アフリカゾウとしては
最大級のもの

誤差を知れば、誰もが、大きさナンバー1の謳い文句を素直に信じるわけにいかないぞ、と思うであろう。

色々検討してみると、どうもセイズモサウルスの全長は33メートルぐらいになる。スーパーサウルスはどうかというと、多分、同じぐらいだ。モリソン累層からは2・7メートルに達する肩の骨も見つかっており、これにはウルトラサウルスの名前がつけられた。意訳すれば超超でっかいトカゲであろうか。化石が少なすぎてよく分からないが、全長はやはり同じぐらいだろう。おそらくこの一連の恐竜たちこそ、恐竜の最大種であった。

このようにジュラ紀末は竜脚形類が巨大化を極めた時代である。これ以後、北半球では竜脚形類が衰退してしまうが、南半球ではさらなる繁栄を続け、引き続き超巨大種が現れた。その筆頭が冒頭で紹介したアルゼンチノサウルスだ。だが見つかったのは背骨と壊れた足の骨などだけ。確かに大きいことは確実で、背骨の高さはほぼ1・6メートル。セイズモサウルスの1・26倍だ。これゆえ、アルゼンチノサウルスこそ史上最大にして体重100トンに達した恐竜だとも言われるが、違う生物ではプロポーションも違う。比べる部位によってばらばらな数字が出てくること、すでに見た通りだ。アルゼンチノサウルスはさぞや大きかったのでしょうなあ、と言うことはできるが、それ以上のことは分からない。このような状況の中、ドレッドノートスは発見されたのである。太ももの骨は長さが1・9メートル。セイズモサウルスの1・8メートルより大きい。ただし体型が全然違う。33メートルのセイズモサウルスは、その全長の半分以上が尻尾である。頭から腰までの長さは13メートルぐらいだろう。

一方、ドレッドノートスは体に対して尻尾が短い。尻尾は長く見積もっても10メートル程度。頭から腰までの長さは16メートルぐらいになる。体重はおそらくセイズモサウルスを越えていた。ドレッドノートスの名前は、かつてその巨大さで世界に衝撃を与えたドレッドノート級戦艦に由来する。ドレッドノート級の日本語訳は弩級だから、弩級にでっかい恐竜ということになるだろう。ドレッドノートスがいたのは白亜紀の終わりだった。恐竜時代の最後、なおも恐竜は繁栄し、巨大化の頂点を極めていたことが分かるだろう。

プテラノドン　大空の覇王の日常

舞台は再び北半球に戻る。アメリカ中央部にあるカンザス州。チョークでできた白い地層がある。こう聞くと、黒板で使うチョークが積もった場所があるのかと思う人もいるだろう。これは半分正しい。この地層は、石灰質の殻を持つ植物プランクトンの遺骸が海底に堆積したものだ。石灰からできたから白いし、これこそが本来のチョークなのである。私たちが使うチョークは石灰を固めて作る人工物だが、昔の人は地層のチョークで黒板に字を書いた。

さて、海底で堆積したということは、かつてカンザス州は海の底だったことになる。近くを流れるニオブララ川の名前を取って、このチョークの地層はニオブララ累層と呼ばれ、かつてここにあった海をニオブララ海と呼ぶ。白亜紀は海が溢れ出した時代だ。当時のアメリカは中央部の低地がことごとく水没し、メキシコ湾から北極海までこのニオブララ海に覆われていたのである。時代はだいたい8500万年前。そしてこのニオブララ海の上空を舞い飛んでいたのが大翼竜プテラノドンであった。

プテラノドンは翼を広げると大型のものでは7メートルに達した。現在の地球で最大の空飛ぶ動物はワタリアホウドリで、翼を広げると3・2メートル。十分に大きいが、プテラノドン

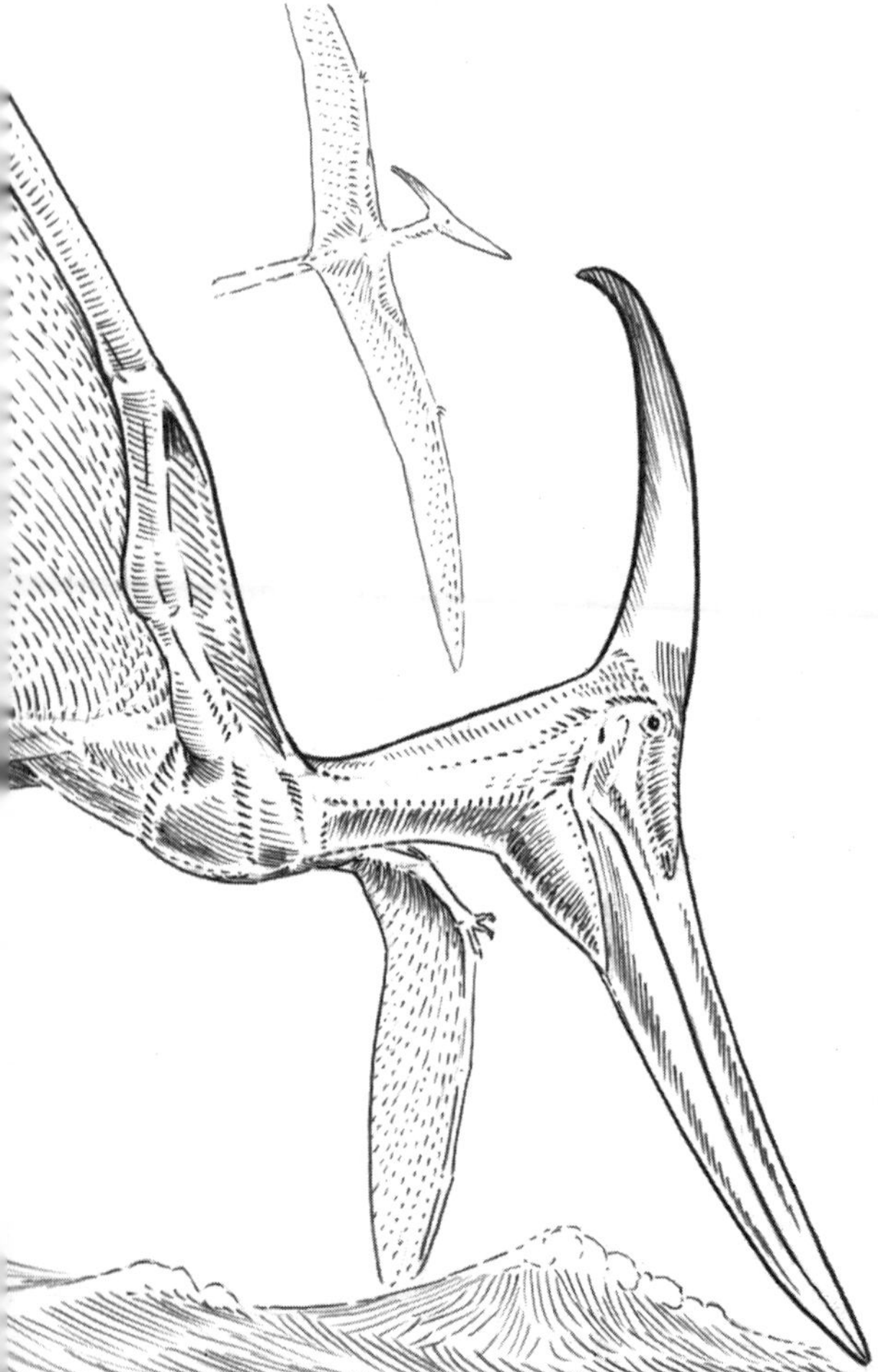

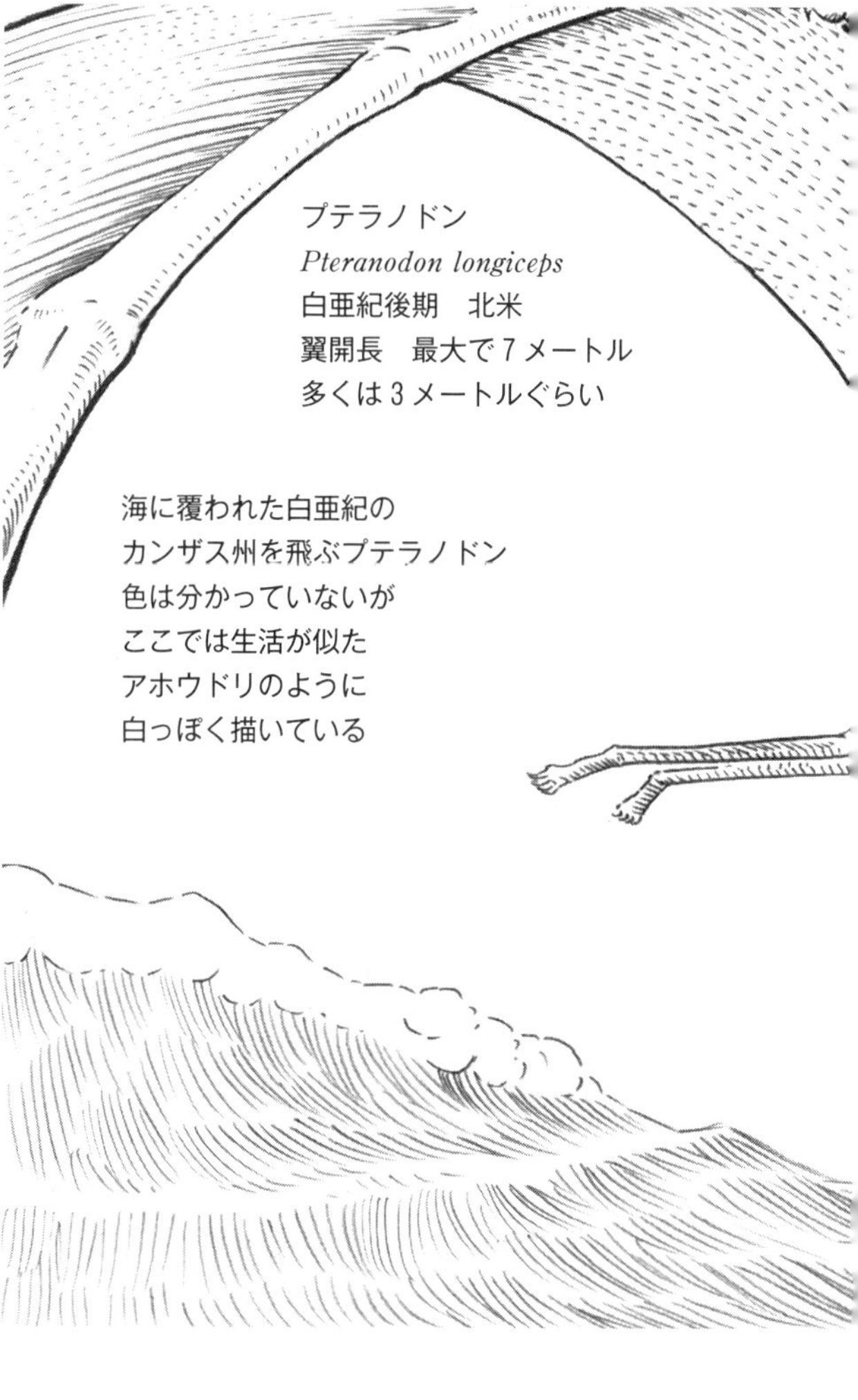

プテラノドン
Pteranodon longiceps
白亜紀後期　北米
翼開長　最大で７メートル
多くは３メートルぐらい

海に覆われた白亜紀の
カンザス州を飛ぶプテラノドン
色は分かっていないが
ここでは生活が似た
アホウドリのように
白っぽく描いている

は実にその2倍以上だ。ジュラ紀末、海の上を舞っていたのは60センチの翼を持つランフォリンクスやプテロダクティルスだった。それから6700万年後、白亜紀の今、翼竜はその10倍という大型化を達成していた。白亜紀の大型翼竜の頂点がプテラノドンであった。

この時代、小さな飛行動物という立ち位置は鳥たちのものになっていた。一般的にこれは、鳥が発展したために翼竜は小型飛行動物という地位を奪われ、やむなく巨大化の道を歩んだ結果だと解釈されている。翼竜の巨大化は、鳥との生存競争に破れた翼竜衰退の道でもあるのだ。だが、この解釈は間違っていると考える研究者もいる。翼竜は大人になるまで何年もかかった。つまりプテラノドンなら生まれたばかりの小鳥サイズからカモメサイズ、さらには大型のワタリアホウドリのサイズからその2倍に達する大人まで、あらゆる大きさの個体が空を覆っていたことになる。つまり大翼竜は空における立ち位置をただの一種類で制覇できるのだ。白亜紀、翼竜は未だに大空の支配者であったと言うべきだろう。

これほどの大きさにもかかわらず、プテラノドンは飛行が極めてうまい動物だったようだ。その化石はニオブララ海で堆積した地層のまっただ中で見つかる。地層の分布から考えると、当時、陸上だった場所は何百キロも先だ。大海原を何百キロも移動できたことが分かる。

翼を広げると6~7メートル。いかにも重そうなこの大爬虫類が、飛行術に長けているとはどういうことか? プテラノドンは人間の大人より軽かった。体重は多分、25~50キロの範囲だと考えられている。びっくりするほど軽いが、おかしな話ではない。

プテラノドンの胴体はどんなに大きくても長さ50センチぐらい、幅20センチぐらいだ。人間の大人よりボリュームがはるかに少ない。一方、腕は強靭で長い。人間の腕をそのまま3メートルまでのばしたような感じである。左右それぞれ3メートル。合計6メートルだ。もちろん翼となった腕を動かすために筋肉がたっぷりついていたであろう。反対に足は貧弱だ。頭は大きく1・3メートルにもなるが、長いだけで幅がない。構造もすかすかだ。こう考えるとプテラノドンの体重は40キロ程度と言われても、そんなものかと思える。先に大きさ比較で引用した現在の鳥、ワタリアホウドリの体重は9キロだ。プテラノドンの体重はその4倍。一方、翼の長さは2倍である。長さがワタリアホウドリの2倍なら、翼の面積は4倍。つまりプテラノドンは、ワタリアホウドリの4倍の体重を4倍の広さの翼で支えて飛ぶことになるわけだ。これならワタリアホウドリと同様の飛行術を持っていてもおかしくない。

ワタリアホウドリは大海原を何週間も飛び続ける鳥である。多分、プテラノドンも同じことをしたのだろう。ここで注目されるのはプテラノドンの翼の形だ。翼は化石に残っていないのだが、類縁種などの証拠から考えると、プテラノドンは細長い翼を持っていたらしい。ワタリアホウドリの翼と似た感じである。この形に秘密がある。波が上下すると空気が押されて風ができる。それをうまく翼で受け止めると、飛行動物は羽ばたく必要がない。つまり体力を消耗

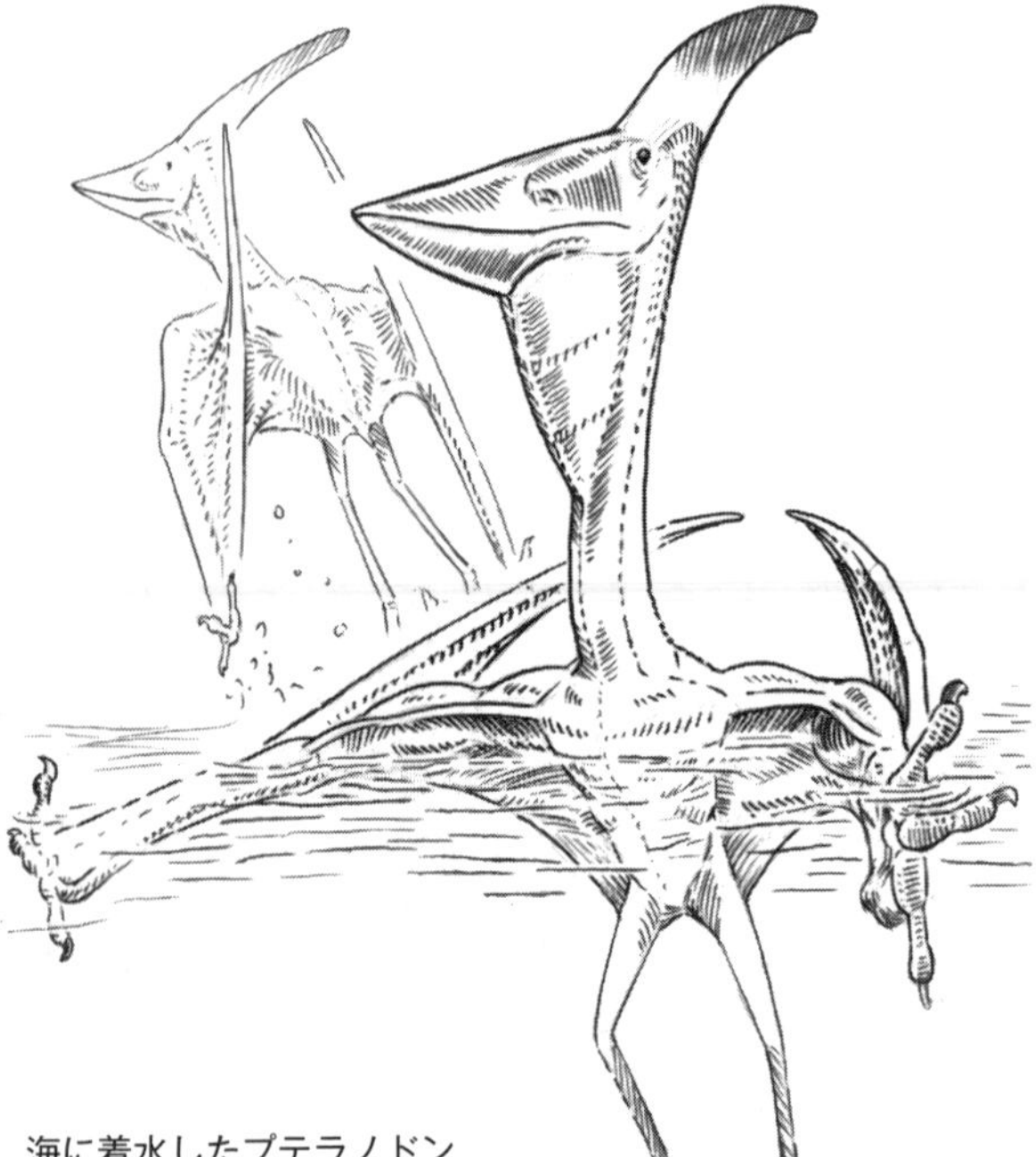

海に着水したプテラノドン
証拠からすると立ち泳ぎを
したように思えるけども
はっきりしたことは分からない
単純に比重から考えると
絵のように肩まで水面上に出ることは難しいように思われるが
プテラノドンは軽量化が進んだ翼竜なので可能かもしれない
離水する時は腕でジャンプしたのだろうが
分からないことだらけである

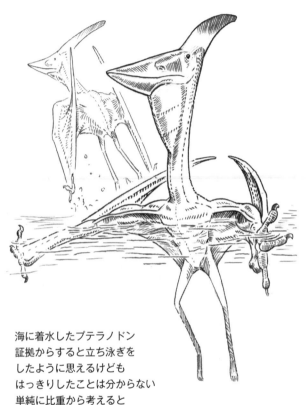

することなく、ずっと飛ぶことが可能になるのだ。波が起こすこうした風を受け止めるのに向いた翼の形。それが細長い形なのである。この形の翼を持つワタリアホウドリは羽ばたかずに長時間飛び続ける。おそらくプテラノドンも同様なことができたのだろう。

ではプテラノドンはどうやって餌を取ったのか？　海面にいちいち降りたとはちょっと思えない。実際、ワタリアホウドリも海面に降りることなく、魚をくちばしですくいあげて捕まえる。プテラノドンも長いくちばしで魚をすくいあげたのだろう。かつての翼竜たちと違ってプテラノドンは歯を持っておらず、口は完全なくちばしとなっていた。

ところで海面に降りることはないと書いたが、海では風がやんで波もなくなることがある。ワタリアホウドリならこの場合、やむを得ず海面に浮かんで風が吹くのを待つ。プテラノドンはどうしたのか？　海面から飛び立つどころか、プテラノドンの体型は、泳げたとはどうにも思えない姿だ。ところがである、プテラノドンではないが翼竜が泳いだ痕が化石で見つかっている。翼竜は水面に浮かび、泳ぐことができた。プテラノドンも同じことができて、さらに羽ばたいて離水したのだろうが、一体どうやって？　これは今も議論の的である。

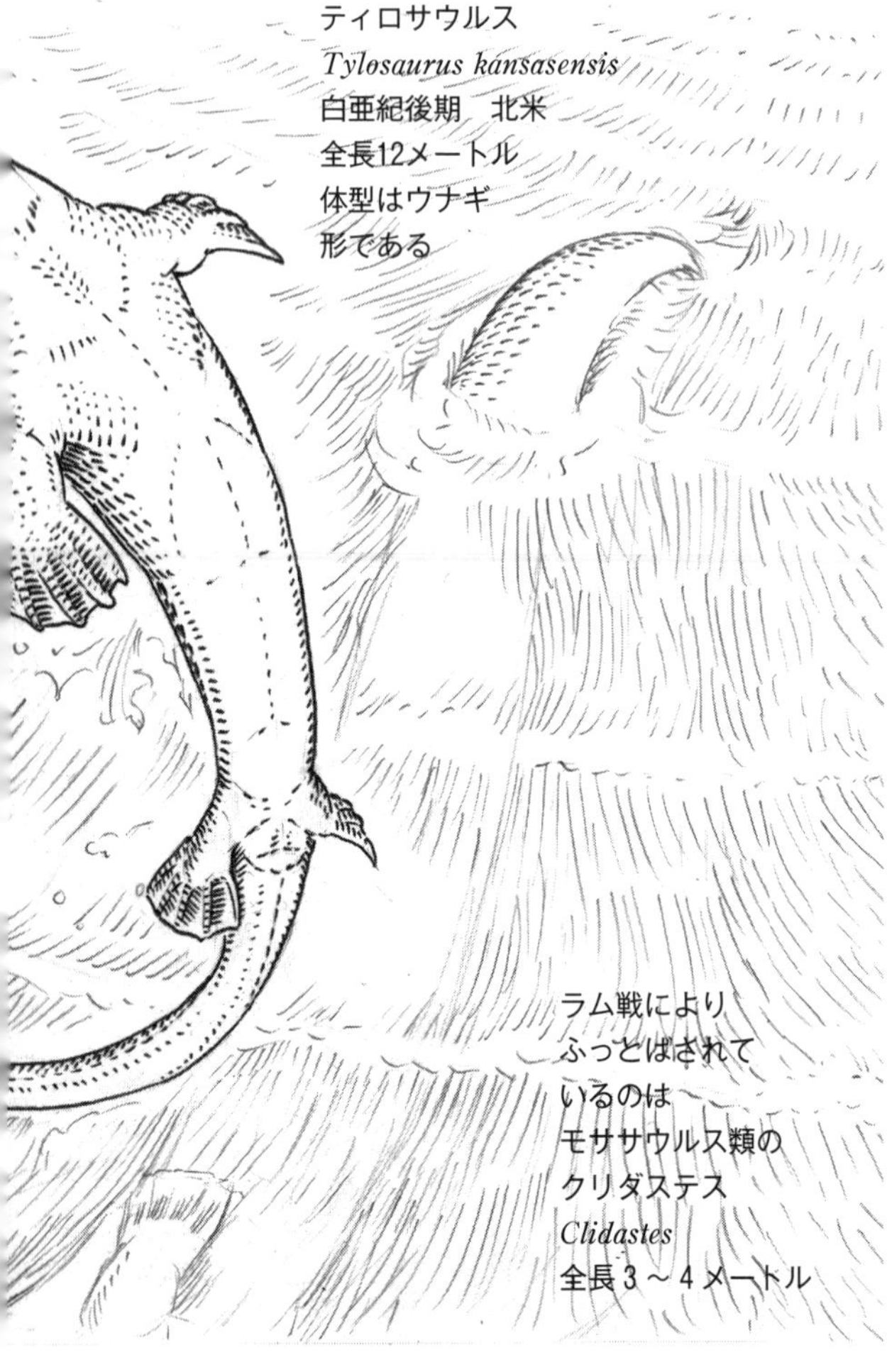

ティロサウルス
Tylosaurus kansasensis
白亜紀後期　北米
全長12メートル
体型はウナギ
形である

ラム戦により
ふっとばされて
いるのは
モササウルス類の
クリダステス
Clidastes
全長３～４メートル

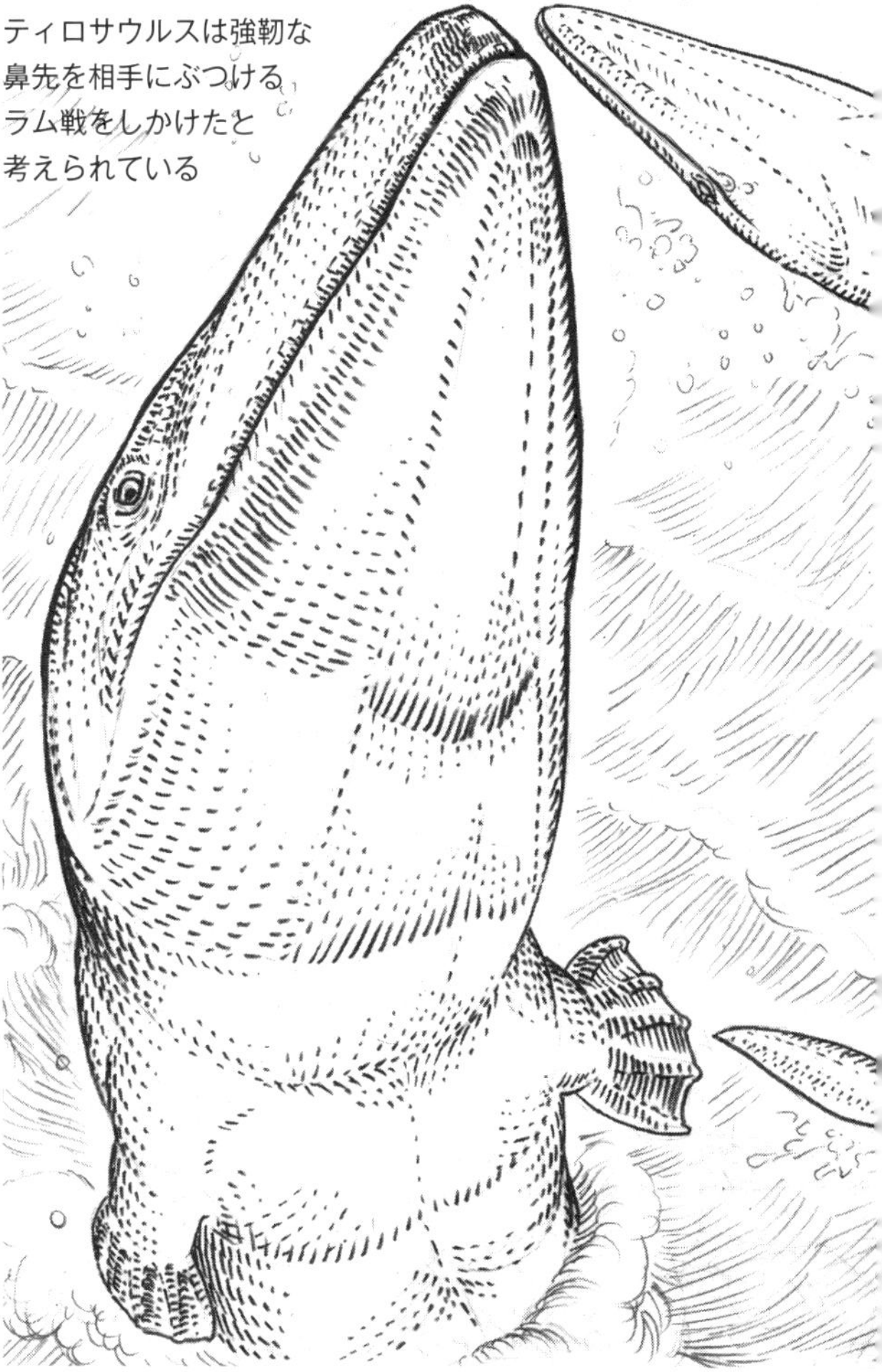

ティロサウルスは強靭な
鼻先を相手にぶつける
ラム戦をしかけたと
考えられている

ティロサウルス　頑強な鼻で体当たり攻撃

8500万年前、プテラノドンが上空を舞うニオブララ海。この海を泳いでいた大爬虫類がティロサウルスである。全長は12メートル。手足はヒレになっているが短く、体は細長い。全体の姿は巨大なウナギかウミヘビのようだ。

ティロサウルスはオオトカゲから進化した動物だ。オオトカゲは現在ではアフリカからアジア、オーストラリアにいる爬虫類で、どれもかなり大きくなる。9300万年あまり前、これらオオトカゲから水中生活をするものが現れた。当初は2メートル程度の動物だったが、それから800万年後のこの時代、全長12メートルの大型化を達成していたのである。

海に進出したオオトカゲをモササウルス類と呼ぶが、この名を聞けば、ああ、あれか、と思い出す大人が多いだろう。私が子供の頃の図鑑では、モササウルスというとなぜかいつも荒れ狂う大海原の中で、牙をむき出しにして首長竜と戦っていたものである。当時のイラストでは背中に小さなヒレがずらっと並んで描かれているが、証拠はない。

ちなみに種族の代表であるモササウルスは、ティロサウルスよりも1500万年ばかり後、ヨーロッパに現れることになる。ティロサウルスは古く原始的なのだ。だから、より進化したモササウルスと比べると色々な違いがあった。例えばモササウルスは発達した尾ビレを持っていたが、ティロサウルスは持っていなかった。ウナギ形の体型であることを考えると、ティロサウルスは普段はあまり動かず、獲物を見つけると体をくねらせて突進したのだろう。

では何を食べていたのだろう？　私が子供の頃、ティロサウルスを始め、モササウルス類はアンモナイトを食べていたと解説されていた。なぜならいくつかのアンモナイトの化石には、モササウルスの歯形と思わしき丸い穴が開いていたからである。だがこの説は90年代、日本の加瀬友喜博士らによって否定されている。理由は簡単だ。アンモナイトの殻は中身がガスであり浮きとして機能する。浮きとして機能する以上、重量軽減のため殻は薄い。こんな薄いものをティロサウルスがかんだらどうなるか？　最大で頭骨の長さ1・8メートルの怪物である。歯形の穴が開くどころではない。殻はくだけてつぶれてしまうのだ。アンモナイトの化石に開いた丸い穴は岩などに穴をうがって生活する二枚貝などがつけたものだろう。ティロサウルスは他のモササウルス類やサメ、魚、あるいはウミガメのような爬虫類を食べていた。

ティロサウルスは獲物にラム戦を仕掛けたようである。ラム戦とは近代以前の海戦戦術で、船の先端を鋭くして、体当たりで相手を沈めるというものだ。ラム戦は、イルカやシャチが獲物相手に仕掛けることが知られている。突進して鼻で倒すのだ。ティロサウルスは頑強な鼻先を相手にぶつけ、獲物が衝撃で身動きできなくなったところを仕留めたのだろう。

フタバサウルス
Futabasaurus suzukii
白亜紀後期　日本
全長９メートル
学名をより正確に書くと
フタバサウルス・スズキイ
日本名のフタバスズキリュウと同様
鈴木さんの名前も学名に入っている

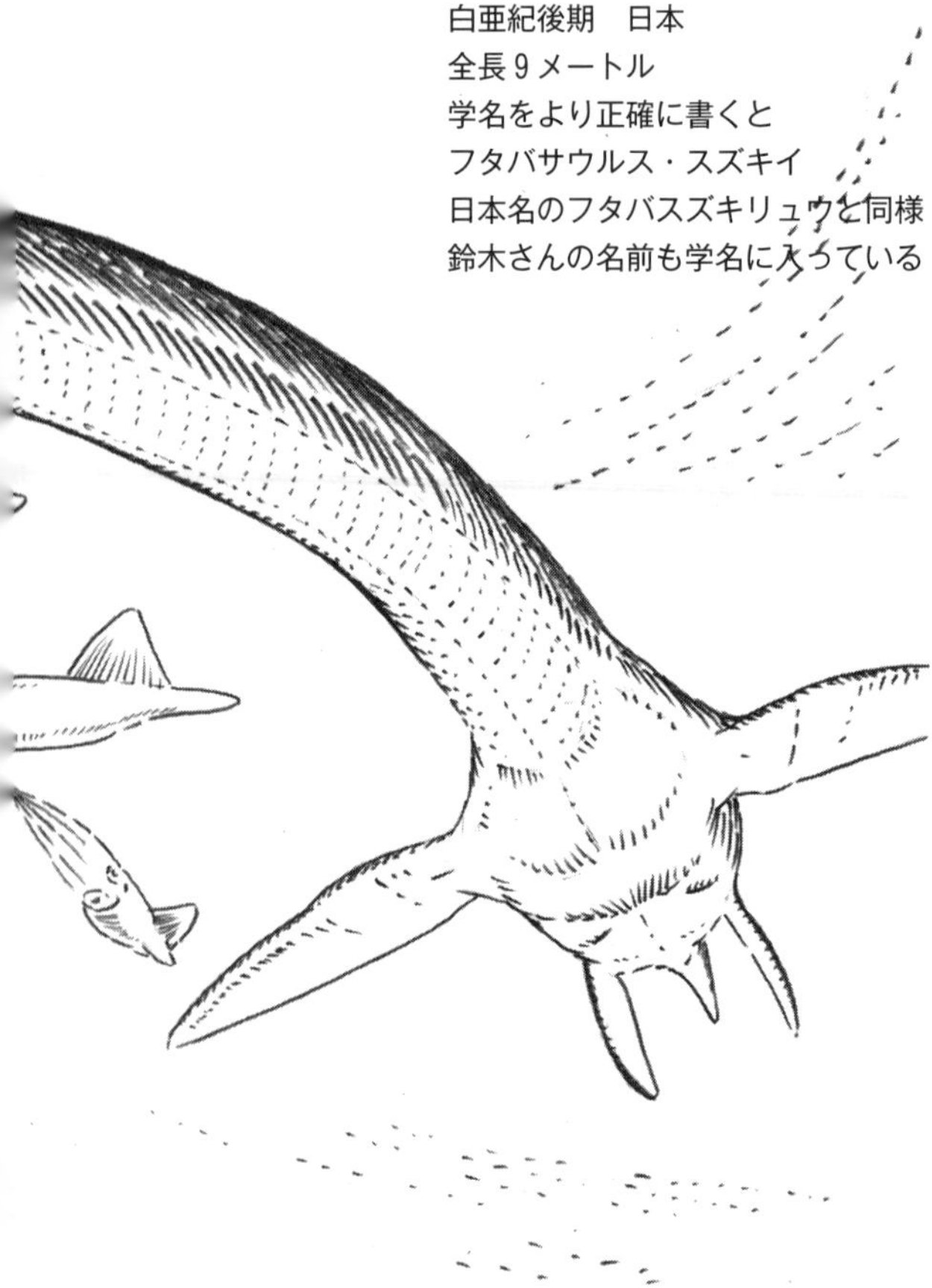

鼻の穴が目よりも
かなり前にあるのが特徴
例えばエロマンガサウルスは
鼻孔が目のすぐ前にある

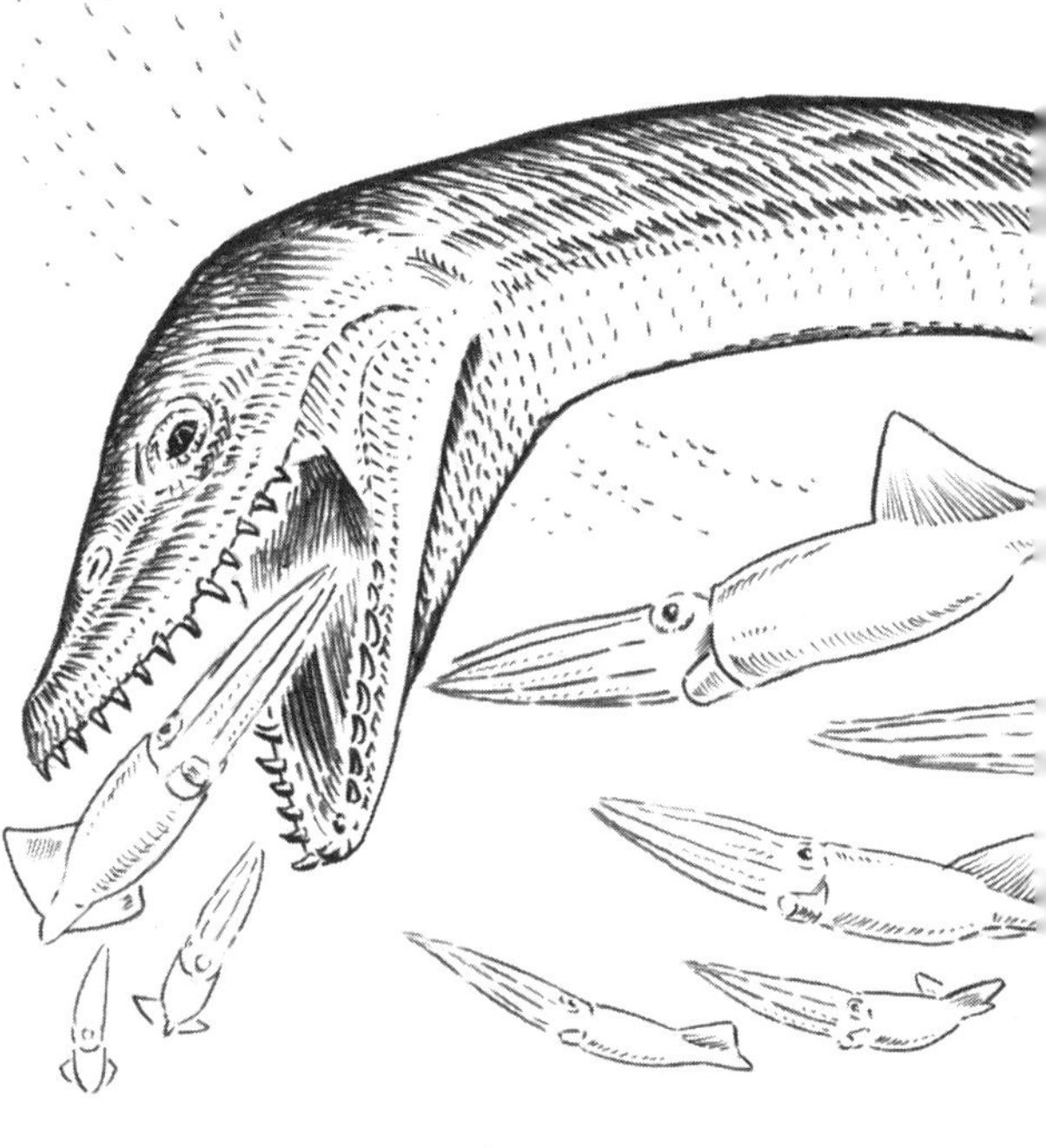

フタバサウルスが襲っているのはベレムナイト
ベレムナイトは頭足類の仲間で
現在のイカと良く似ていた

フタバサウルス　首長竜の首は硬い

8500万年前。時代はプテラノドンやティロサウルスと同じだが、舞台は変わって、今度は日本である。ただ当時の日本はまだユーラシア大陸の一部だった。ユーラシアのかけらが裂けて太平洋へと漂いだし、活発な火山活動によって今の日本列島ができるのだが、それが起こるのはまだ6500万年も先のこと。将来、日本列島となるこの場所は、太平洋の波が洗うユーラシアの東端であった。そしてこの海にいたのが首長竜フタバサウルスである。

発見されたのは1968年、場所は福島県いわき市、発見したのは当時高校生だった鈴木直さんだった。そこでこの首長竜にフタバスズキリュウという呼び名がつけられた。スズキは発見した鈴木さんに、フタバはこの首長竜が埋まっていた地層、双葉層に由来する。さてフタバスズキリュウとフタバサウルス。同じ首長竜にどうして二つの名前がついているのだろう？フタバスズキリュウは日本語である。言って見れば日本におけるローカルネーム。これに対してフタバサウルスは学名だ。日本の双葉とギリシャ語でトカゲを意味するサウロスを組み合わせ、それをさらにラテン語化したものである。ラテン語は近代以前の国際語だ。

学名とは、国際的に通用するように設定された生物名である。学名をつけるには、それが既存の種類と違う新種である根拠を示さなければならない。フタバサウルスの場合なら、ひとつは鼻の穴の位置だ。例えばエロマンガサウルスだと鼻の穴は目のすぐ前にある。一方、フタバサウルスの鼻の位置は目よりもずいぶん前だ。このような証拠を積み重ねる。しかし、フタバスズキリュウが発見された当時、日本に首長竜の専門家はいなかったし、資料も少なかった。だから学名がつくには首長竜のエキスパートである日本人研究者、佐藤たまき博士が登場するまで待つ必要があったのである。若き佐藤博士が学名をつけたのは2006年のことだった。

フタバサウルスは非常に保存の良い化石だが、残念ながら首の骨は失われていた。類縁種から考えると、首の骨は60〜70個あっただろう。胴体などの長さは3・4メートルぐらいだが、本来あった尻尾や首を足すと全長は推定9メートル。体の半分が長い首だった。

フタバサウルスは、長い首をどのように使ったのだろう？　私が子供の頃、図鑑の首長竜はヘビやハクチョウのように長い首をもたげていたものだが、その復元は間違っている。ヘビやハクチョウの首の骨はいわゆるボールジョイントで自在に曲がる。首長竜の首の関節面はほぼ平らで自在には曲がらない。考えてみれば当たり前で、泳ぐ時に長い首がぐにゃぐにゃ曲がっては困るだろう。首長竜の首は硬い。ただし全体としては少ししなる。それも下側にしなる構造だ。この本で首長竜の狩りを釣りにたとえるのはこのためである。彼らは長い首を下にしならせ、獲物の群れを上から襲ったのだ。フタバサウルスも同じことをしたのだろう。

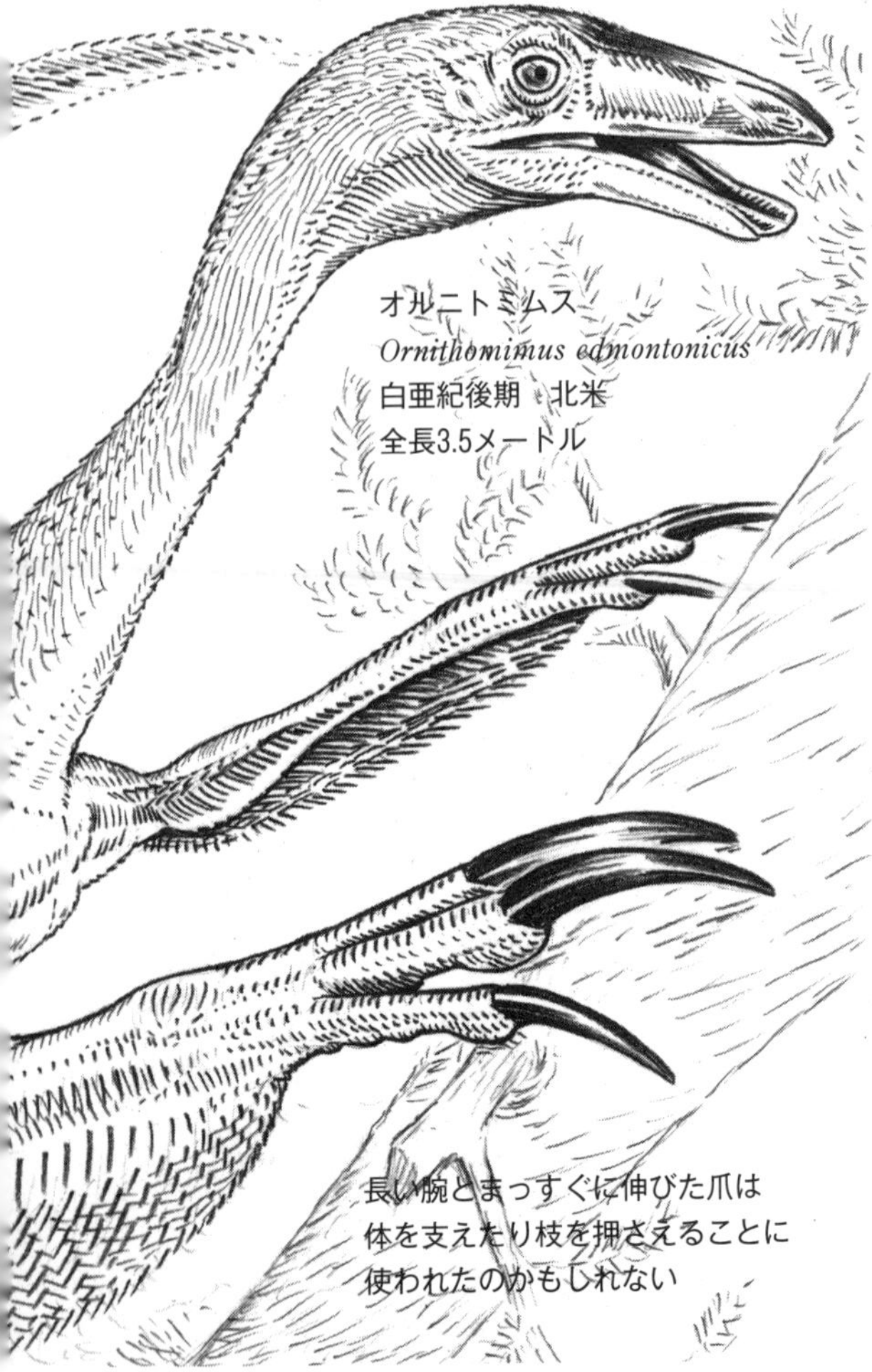

オルニトミムス
Ornithomimus edmontonicus
白亜紀後期　北米
全長3.5メートル

長い腕とまっすぐに伸びた爪は
体を支えたり枝を押さえることに
使われたのかもしれない

トロオドン
Troodon formosus
白亜紀後期　北米
全長3メートル
学名をステノニコサウルスに戻すべきという提案もあるがそれについては論じない

オルニトミムス　植物食に進化した肉食恐竜

舞台はカナダのアルバータ州にある州立恐竜自然公園。白亜紀当時、ここには大きな川が流れ、湿った暖かな森が広がっていた。しかし今ではすっかり乾ききって草が生えるのみ。わずかな雨でも大地は浸食され、地下にあった地層と化石が顔を出している。地層はダイノサウルスパーク累層。堆積した年代は7200万年前である。この地層からは本当に様々な恐竜化石が見つかる。ティラノサウルスの祖先であるゴルゴサウルス、トリケラトプスの仲間のカスモサウルス、そしてここで紹介するオルニトミムスである。

オルニトミムスとは鳥のミミック、つまり鳥もどきの意味。その名の通り外見は鳥によく似ていた。もっと正確に言うとダチョウに似ている。首は長く、全長は3・5メートル。長い尻尾を抜かせば大きさもダチョウと似たり寄ったりだ。足も長く、腰の高さは人間の大人の背丈ぐらい。オルニトミムスの口には歯がない。多分、くちばしになっていたのだろう

オルニトミムスは謎めいた存在である。オルニトミムスは肉食恐竜だ。だが体に対して頭が小さいし、歯もない。動物を食べるとしても小さな哺乳類やトカゲや虫などだろう。あるいはダチョウと同様、植物を主に食べていたと考えることもできる。肉食動物から植物を食べる動

物が進化する。これはよくあることだ。イヌは肉食だが親戚のクマは雑食で、クマの一種であるはずのパンダに至っては竹食いである。オルニトミムスは植物食に進化した肉食恐竜である。こう考えるとオルニトミムスの奇妙な腕は説明しやすい。腕が長く、手も長く、爪も長い。これだけ聞くと先に登場したディノニクスのように思える。ところが、オルニトミムスの手の爪は長いが、ほとんどまっすぐなのだ。これでは獲物は捕まえられまい。だが植物を食べると考えればどうか。長い腕で木の枝を引きよせたり、あるいは押さえ込んだ。そう考えればうまく説明できるだろう。

ところが最近になって、オルニトミムスの仲間に濾過食のものがいると分かった。濾過食とは水を濾過することで、水中の小さな生物を漉しとって食べる食生活のことだ。口にクシの歯のような構造が残っていたのである。こういう構造は濾過食を行うカモに見られるものだ。

ではオルニトミムスも沼にざぶざぶ入って水から餌をせっせと漉しとっていたのだろうか？ダチョウのような体型で？　あの長い腕は一体何に使うの？　次々に疑問がわくだろう。もしかしたら濾過食をしたのは一部の仲間だけなのかもしれない。現在のカモでも濾過食は一部の特殊な種類だけが行う。今のカモがどれも同じに見えて、それぞれ全然違うように、オルニトミムスたちも種類によって全然違っていたのかもしれない。ダチョウのように見えるオルニトミムス。しかしそこには研究者を戸惑わせる謎があるのだ。

トロオドン　研究者を悩ます命名

オルニトミムスと同じく、ダイノサウルスパーク累層から見つかる肉食恐竜がトロオドンである。この仲間は見つかる化石が断片的で、全体像がいまひとつ摑みにくい。頭は細長く23センチぐらい。全長は3メートル、腰までの高さは1・2メートル程度である。

特徴的なのは歯と目と脳の大きさだ。体に対して歯は小さくて4ミリぐらい。これが20から35本ほどずらりと並ぶ。歯の形は独特だ。肉食恐竜の歯には縁に小さなギザギザがあるが、これがかなり大きい。そして前の縁よりも後ろの縁のギザギザが大きい。肉食恐竜の歯はどれも似たり寄ったりだが、トロオドンの歯は、見ただけで分かる特徴的なものである。歯の特徴は少しイグアナに似ているから、トロオドンは植物も食べる雑食だったと考える研究者もいる。

そして目は大きくて前を向き、フクロウを思わせる。だからトロオドンは夜行性ではないかという意見もある。恐竜時代、私たち哺乳類は夜行性の小さな動物だった。ひょっとしたら私たちの祖先が人生の最後に見たのは、巨大なトロオドンの目だったのかもしれない。とはいえ、目が大きい以外にトロオドンが夜行性である証拠はないので、これはあくまでも想像だ。

さらにトロオドンの顕著な特徴は脳が大きいことだ。体に対する脳の大きさだけで言うなら、

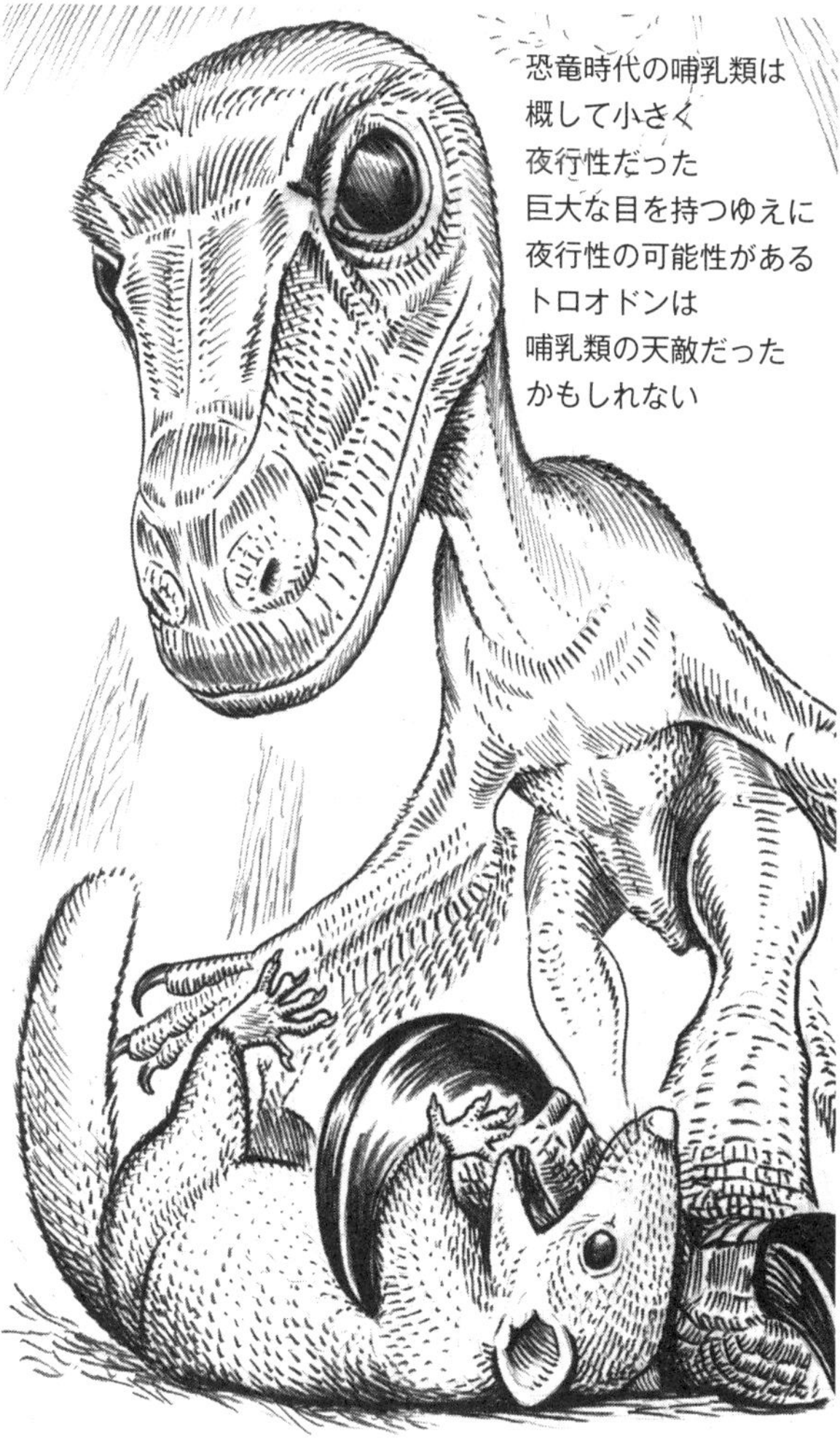
恐竜時代の哺乳類は
概して小さく
夜行性だった
巨大な目を持つゆえに
夜行性の可能性がある
トロオドンは
哺乳類の天敵だった
かもしれない

トロドンは最も賢い恐竜であり、当時の地球で最も脳を発達させた動物だった。恐竜が絶滅しなかったらトロオドンから知的生物が、つまり恐竜人間が進化しただろうと考えた人もいた。大きな脳は感覚の情報処理を司る。視力だけでなく耳も良かったようである。

トロオドンは化石が断片的なので、理解が進むまでかなり紆余曲折があった恐竜でもある。化石を最初に発見してトロオドンの名前をつけたのは、19世紀のアメリカ人古生物学者レイディー博士である。この人はどしどし新種を報告する人で、そしてしばしば仕事が雑だった。博士はたった1本の歯の化石にトロオドンの名前をつけたのである。だから混乱が生じた。もっと良い化石を見つけて新種として誰かが報告する。それから別の誰かが、あれ？　この恐竜の歯はレイディー博士の言うトロオドンじゃないのか？　だとしたらこの新種恐竜の名前はトロオドンにしなければいけない、そう気づく。こうして名前が変わるのだ。私が子供の頃に親しんだステノニコサウルスなどはこうしてトロオドンに一本化されて消えた名前である。

だがたったひとつの歯が手がかりだ。勘違いも起こった。先に言ったように、トロオドンの歯は少しイグアナに似ている。つまり植物を食べる鳥盤類の歯とも似ている。このため一部の鳥盤類がトロオドンにされてしまったのだ。私が高校生ぐらいの時はこういう図鑑が実際にあって、肉食の鳥盤類としてトロオドンが紹介されていた。もちろんこれは間違いである。

余談だが、このような状況を見れば歯1本に名前をつけることがどれだけ迷惑か分かるだろう。研究者ではなく恐竜マニアだが、大きなティラノサウルスの歯を新種ジンギスカーンにしようとか言い出す人が今でもいるのだが、こういう人はどこかへいって欲しいものだ。

話を戻せば、トロオドンは所属もよく分からなかった恐竜だ。トロオドンは手の形が始祖鳥やディノニクスに似ているから鳥に近いことは疑いない。では何に近いのか？　１９８６年、生物進化を解析する手段によって鳥恐竜説を論じた論文が登場する。書いたのは若きゴーティエ博士。これにより鳥恐竜説は盤石なものとなり、他の仮説はすべて意味を失った。この記念碑的論文の中で博士は、トロオドンがディノニクスに近いことを示した。トロオドンの足の人差し指はディノニクスと同じ作りだからだ。だが、トロオドンの恥骨は鳥に似ておらず、前に伸びる。トロオドンはもっと鳥から離れているのかもしれない。足の構造が似ているからオルニトミムスの仲間か、あるいはこの次に登場するオヴィラプトルに近いと考える人もいた。

立ち位置がぶれ続けたトロオドンだが、中国の化石が決着をつけた。中国の原始的な近縁種は恥骨が後ろを向いていたのである。結局、ゴーティエ博士の最初の意見が正しかった。トロオドンは鳥に非常に近い恐竜で、進化の過程で恥骨が再び前を向いたのだ。トロオドンは一見すると地味な恐竜である。しかし研究者を長く翻弄し続けた恐竜でもあるのだ。

オヴィラプトル
Oviraptor philoceratops
白亜紀後期　モンゴル
全長2メートル

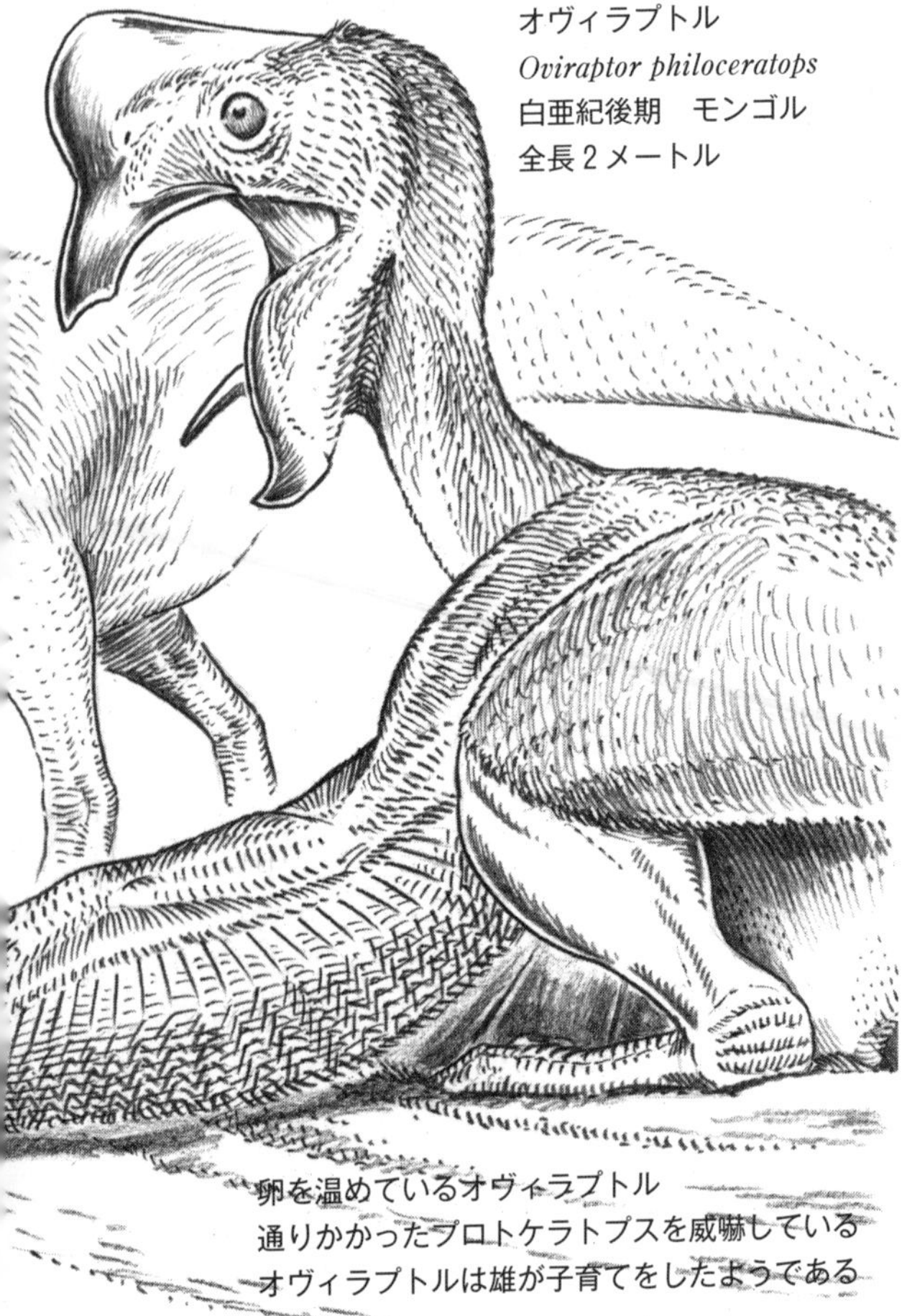

卵を温めているオヴィラプトル
通りかかったプロトケラトプスを威嚇している
オヴィラプトルは雄が子育てをしたようである

プロトケラトプス
Protoceratops andrewsi
白亜紀後期　モンゴル
全長1.8メートル
頭の後ろが広くのびて
フリルと呼ばれる構造を作っていた

オヴィラプトルとプロトケラトプス　変わった子育て

モンゴルに広がるゴビ砂漠。その地層のひとつがジャドフタ層だ。堆積した時代はちょっと不明瞭だが8000万年前ぐらい。先ほど紹介したダイノサウルスパーク累層と年代はほぼ同じだ。だが森が広がっていたあちらと違って、ジャドフタ層は砂丘の砂が堆積してできたものだ。つまり乾燥した砂漠だったのである。現在の砂漠に多くの動物がいるように、ここにはたくさんの恐竜がすんでいた。特に数が多いのがオヴィラプトルとプロトケラトプスである。

オヴィラプトルは肉食恐竜である。しかし歯がない。口はくちばしだったのだろう。頭の大きさは18センチぐらい。下顎はどっしりしていてオウムを思わせる。全長はだいたい2メートル。オヴィラプトルが何を食べたかについては議論がある。植物を食べたのかもしれない。あるいは、オウムのような頑丈な顎で何か硬いものを、例えば貝や卵を食べたという意見もある。だが、こういうものを食べる陸上動物は非常にまれで特殊な例だ。現状、オヴィラプトルは雑食か、植物を食べたと考えるのが無難だろう。

オヴィラプトルは卵を盗むものの意味。化石が発見された時、近くに卵があったからである。だが後になってその卵はオヴィラプトルの卵だと分かった。巣に産みつけられた卵を守ったままの化石も見つかっている。卵泥棒どころか卵を守って死んだお母さんだったということになる。だが実際にはお父さんである可能性が高い。オヴィラプトルの卵は楕円形で長さ18センチ、幅は6・5センチ。さらに巣の中の卵は15個とか20個もある。一頭の雌が産んだとはとても思えない大きさと数だ。多分、ダチョウのような繁殖をしたのだろう。ダチョウは雄が巣を守り、訪れた雌が交尾して入れ替わり立ち替わり、卵を産み落としていく。雄はこうして手に入れたたくさんの卵を暖めるのだ。雄にとって大事なのは雌ではない。彼女たちが産む自分の遺伝子を引き継いだ子供だ。雌たちに次々に自分の子供を産んでもらう。養育でパンクしそうだが、オヴィラプトルの雄の場合、世話をするのは卵の間か、ヒナが大きくなるまでのせいぜい数十日程度。彼女たちにどしどし産んでもらった卵を守る雄はほくほく笑顔だろう。

一方、プロトケラトプスは鳥盤類である。大雑把に言えば白亜紀前期にいたプシッタコサウルスの子孫で、トリケラトプスの祖先だ。全長は1・8メートルぐらい。プシッタコサウルスより大きく頭でっかちで、体型は後のトリケラトプスに似ている。鼻には角のような突起があり、さらに頭部の後ろが広がって伸びていた。これはフリルと呼ばれる構造だが、こういう特徴もトリケラトプスと似ている。プロトケラトプスは雄雌の違いが骨格に現れている珍しい恐竜だ。雄の方が鼻の角が大きいのだ。しかし差は哺乳類ほど顕著ではない。例えば体の大きさが同じなのだ。彼らの性生活は我々哺乳類とはずいぶん違っていたようである。

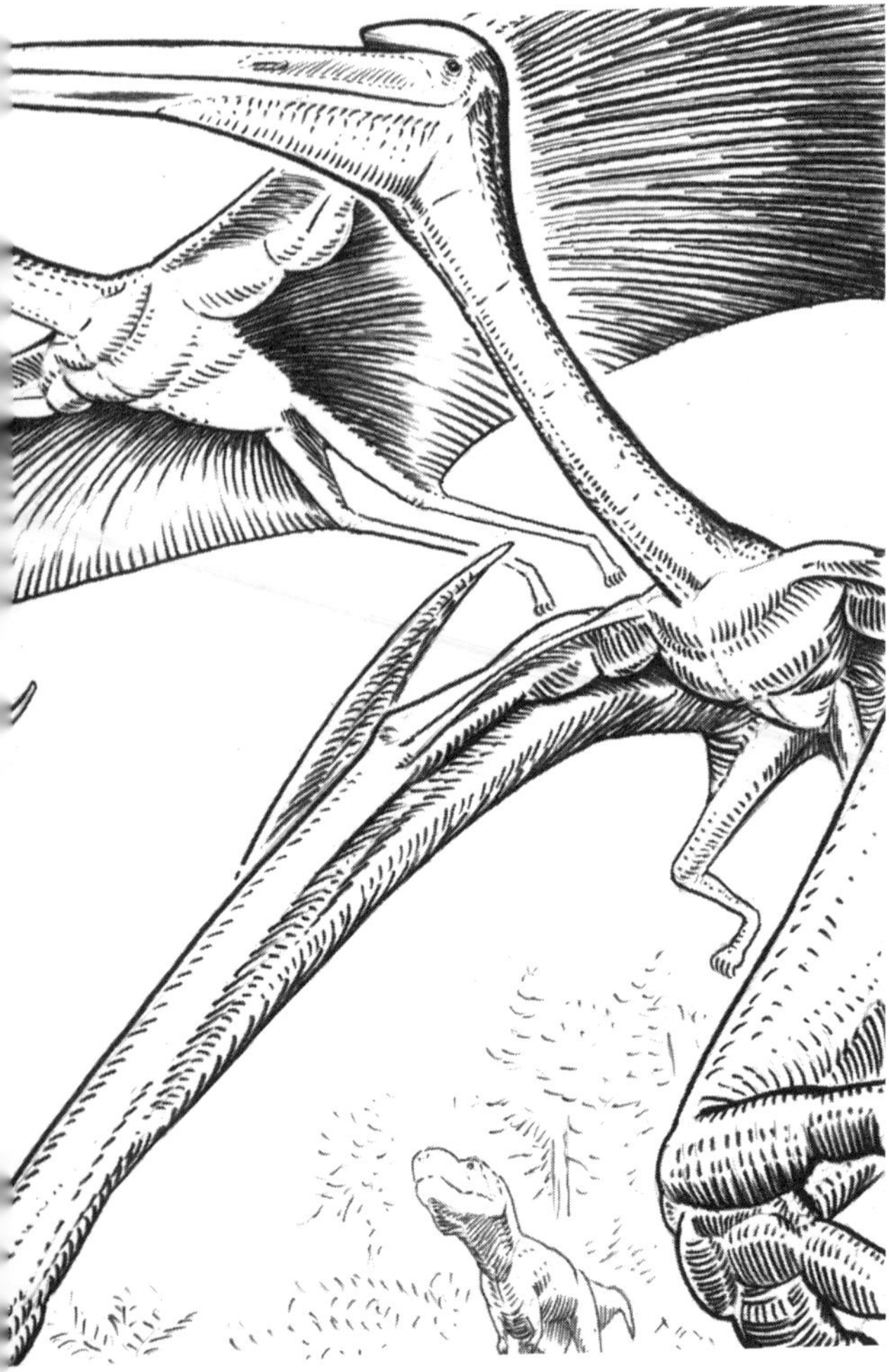

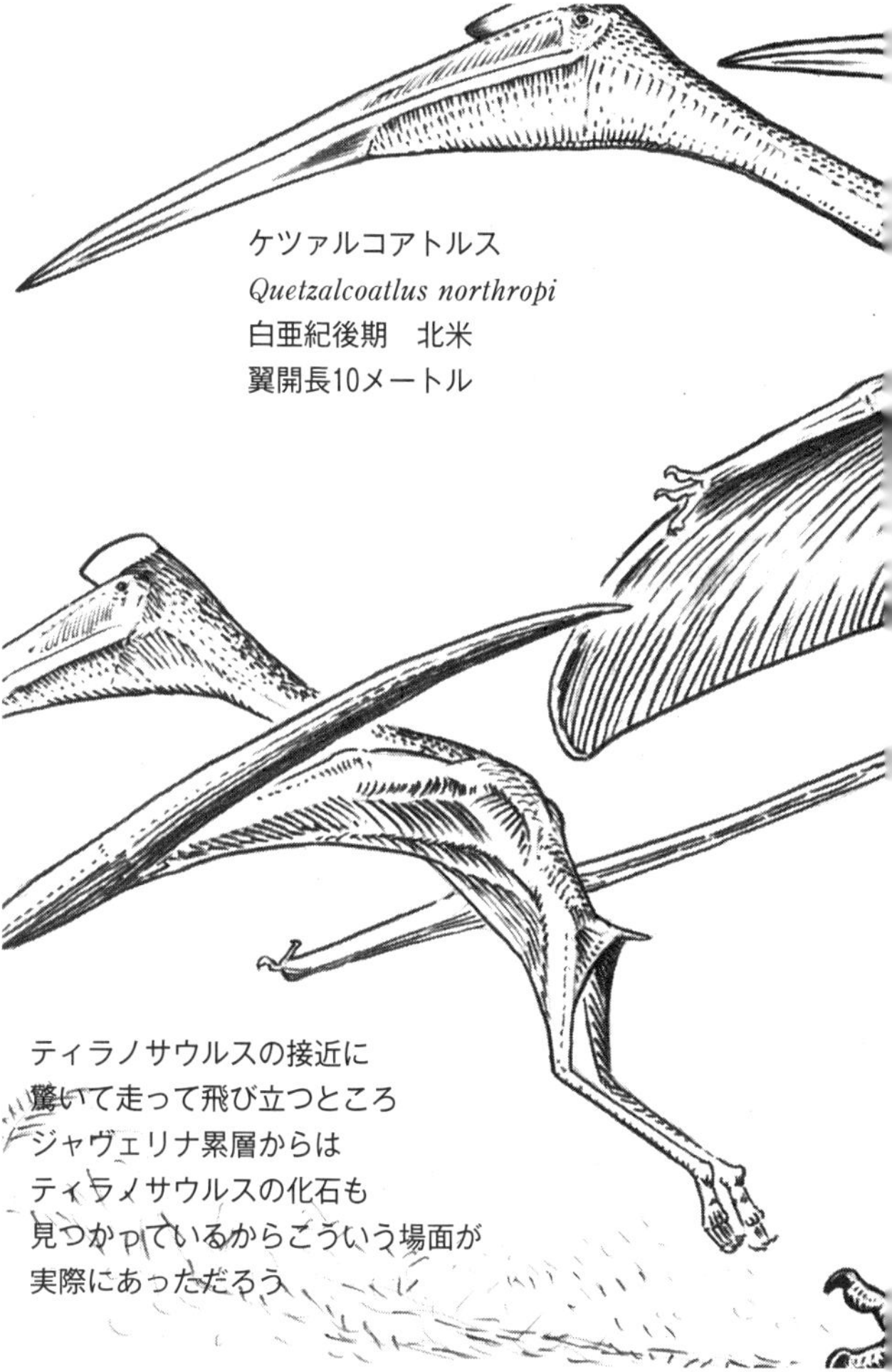

ケツァルコアトルス
Quetzalcoatlus northropi
白亜紀後期　北米
翼開長10メートル

ティラノサウルスの接近に
驚いて走って飛び立つところ
ジャヴェリナ累層からは
ティラノサウルスの化石も
見つかっているからこういう場面が
実際にあっただろう

ケツァルコアトルス　巨大翼竜の運動能力

アメリカにあるビッグ・ベンド国立公園。テキサス州とメキシコの国境に広がるこの公園にあるのがジャヴェリナ累層だ。この地層は白亜紀の終わり、7000万年前に堆積した。ここから見つかる化石は巨大ワニやアンキロサウルス、あるいは南半球から渡ってきた竜脚形類アラモサウルスなどだ。そして1975年に翼竜の上腕骨が見つかった。形は1500万年前に栄えたプテラノドンに似ている。しかしこの翼竜の上腕骨は長さが55センチもあった。最大級のプテラノドンのほぼ2倍である。最大級のプテラノドンの翼が7メートルであったことを考えると、この翼竜は14メートルあったということだろうか?

この翼竜の化石にはケツァルコアトルスという名前がつけられた。この名はメキシコにかつて栄えたアステカ帝国の神ケツァルコアトルに由来する。神ケツァルコアトルの名はケツァール（羽毛）と、コアトル（蛇）の2語を合わせたもの。すなわちこの神の名は羽毛を持つ蛇という意味である。空飛ぶ大爬虫類ケツァルコアトルスにふさわしい名前だろう。ちなみに翼竜ケツァルコアトルスの語尾がトルスになっているのは、神ケツァルコアトルの語尾トル（tl）にusがついたからである。これは名前をラテン語化した結果だ。ラテン語はローマ人が使った言葉だから、メキシコの神の名をローマ風に直したと思えば良い。例えば初代ローマ皇帝アウグストゥスも語尾は us である。

ケツァルコアトルの化石は少ないが、見つかった化石や類縁種から考えると、プテラノドンとは体型がずいぶん違っていたようだ。海を飛ぶプテラノドンがアホウドリのように細長い翼を持っていたのと対照的に、ケツァルコアトルスの翼はむしろ太短い翼だった。だから翼の幅は14メートルもない、多分10メートルぐらいだと考えられている。これはちょうど人間が使うハンググライダーの大きさである。翼をたたんで地上に降り立てば、肩までの高さが2メートル。首の長さ2メートル。もしも首を直立させれば高さ4メートル。現在のキリンに迫る身長だ。

もちろん体重は全然違う。キリンの体重は1〜2トンあるが、ケツァルコアトルスの体重は妥当なところで200キロぐらいだったらしい。つまりキリンの5分の1から10分の1だ。ケツァルコアトルスとキリンを比較してこんなにでかいんだと強調する比較図があるが、あれは安易にふかしすぎである。

それでもなおケツァルコアトルスは圧倒的な大翼竜だ。これを見た時、誰もが戸惑いを感じ、こんな生物が空を飛べるのかと疑うものだ。中には、当時の地球は重力が低かったのではないか？　と考える人もいる。もちろん、この手の論は穴だらけだ。きりがないので、ここではひ

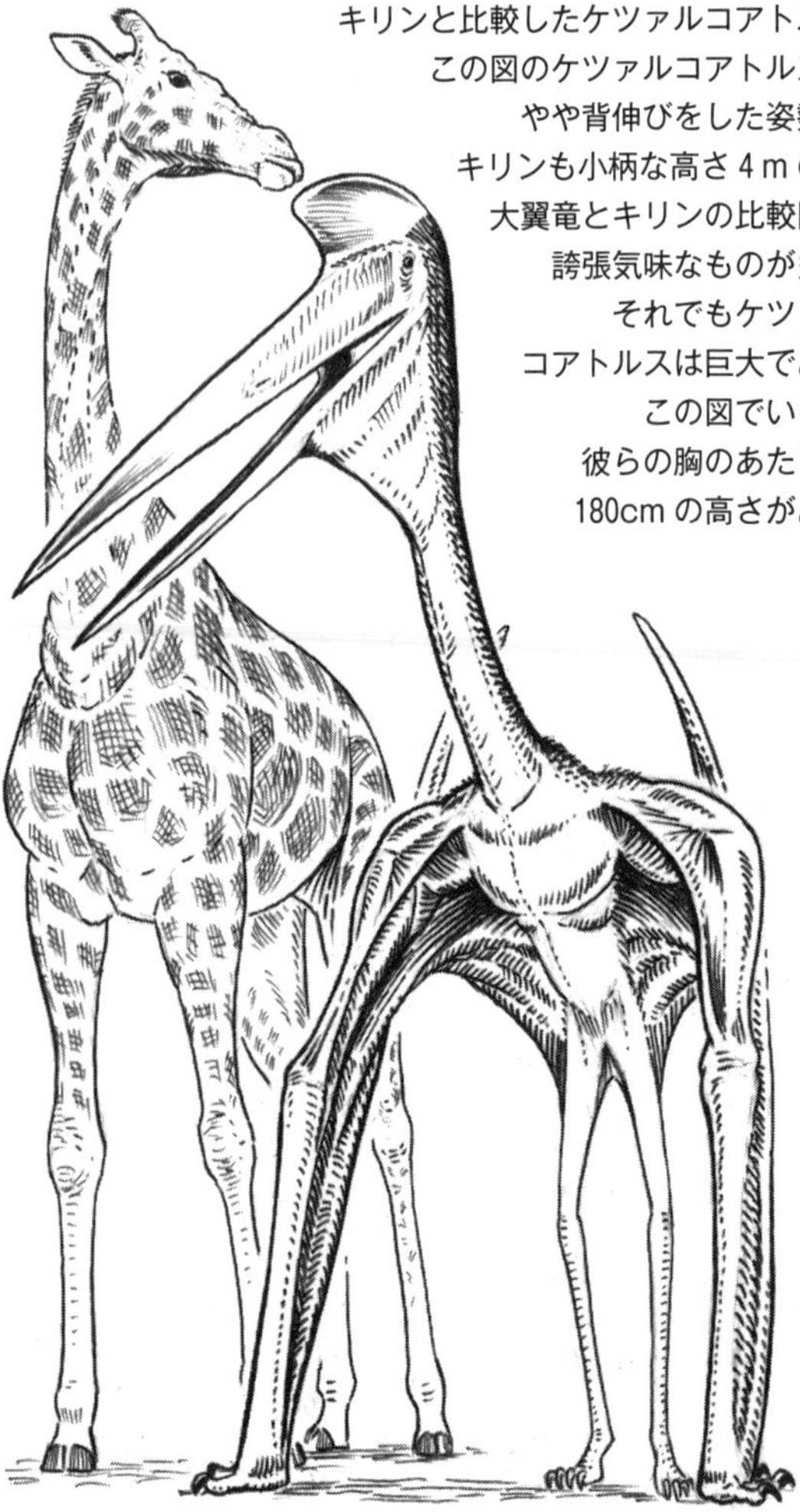

キリンと比較したケツァルコアトルス
この図のケツァルコアトルスは
やや背伸びをした姿勢で
キリンも小柄な高さ４ｍの雌
大翼竜とキリンの比較図は
誇張気味なものが多い
それでもケツァル
コアトルスは巨大であり
この図でいうと
彼らの胸のあたりで
180cm の高さがある

とつ指摘するだけですませておこう。5メートル越えの超大型飛行動物は地球の歴史上、何度も進化した。そのたびに重力をいじらねばならないとしたら、その説明は悪手でしょうと。

では、ケツァルコアトルスはどうやって飛んだのだろう？　答えは意外と簡単で、単純に走ったのかもしれない。ケツァルコアトルスの大きさや形は現在のハンググライダーとほとんど同じである。重量もまあ近い。2人乗りハンググライダーの重さは器具と人体の合計が100キロを越える。そのハンググライダーが離陸するには時速20キロ程度の速度が必要だ。ハンググライダー自体の重さは20〜30キロ。これを持って時速20キロで走ることは人間には難しい。というかほぼ不可能だろう。そこでハンググライダーで飛ぶ人は何かにひっぱってもらうか、斜面を駆け下りることで離陸する。

ではケツァルコアトルスなら走って離陸できたであろうか？　まず歩くことはできる。ケツァルコアトルスはプテロダクティルスの系譜なので、翼となった腕も使った四足歩行だ。実際、足跡の化石も見つかっている。ケツァルコアトルスそのものだとは言えないが、その仲間であることは疑いない。これは韓国から見つかったもので後ろ足の大きさが30センチ。一歩が1メートルはある巨大な代物だ。そしてそれは翼も使った四足歩行であった。地上を歩けるのなら、ケツァルコアトルスは4本足で走れたのではないだろうか。

あるいはチスイコウモリのように、飛ぶ時は翼でジャンプした可能性も指摘されている。チスイコウモリは中南米にすむコウモリで翼の幅は15センチぐらい、体重は40グラム程度だ。ケツァルコアトルスの5000分の1しかないが、大翼竜の生活を知る手がかりになりうる。

チスイコウモリは地上に降りることができる。腕は翼になっているが、たためば歩くことに使える。こうして4本足で走るのだ。一方、飛ぶことに使っているから腕はもともと筋肉質だ。だから腕だけでジャンプすることができるし、それだけで離陸速度に到達できる。後はそのまま翼を広げて飛び立つのだ。ケツァルコアトルスも同じようなことができたのだろう。さすがに体が大きいから、一回ジャンプしただけで離陸速度に到達するのは無理そうだ。だが走って助走し加速し、そうしてジャンプすればどうか。人間がハンググライダーをかついで離陸速度に到達できないのは、筋肉が足りないからである。だが、彼らは筋肉のついた生きたハンググライダーなのだ。しかもこのハンググライダーは翼を動かすべき強靭な筋肉を使って走ることができる。こうして加速し、十分な速度を得たら、チスイコウモリと同様、ジャンプして飛行へと動作を切り替えたのかもしれない。実際、先に述べたように巨大飛行動物は地球の歴史上、何度も進化した。このことからすると、ハンググライダーサイズの巨大種でも普通に離陸できることは進化的に明らかだろう。

ではケツァルコアトルスはどんな生活をしたのであろうか？　恐竜だのワニだの、さらには陸上植物の化石まで見つかっていることからすると、ジャヴェリナ累層は川で堆積したものだ。

つまりプテラノドンとは違って、ケツァルコアトルスは内陸にすむ飛行動物だったのである。ここから連想されたのが、ハゲタカのような飛行動物ではないかという解釈だった。ハゲタカは大きいし、内陸にすむ大翼竜にはぴったりのモデルだろう。この説は化石発見時に唱えられたもので、私が子供の頃にあった本ではこれが一般的な解説だった。

ところがしばらくたつと、ケツァルコアトルスは水辺で餌をあさったと本に書かれるようになった。あるいは土の中にひそんでいる生き物を探したと書いた本もあったし、あるいは水面を飛んで、魚を狙ったという説も言われるようになった。議論百出と言いたいところだが、これはむしろ化石が少なかったので、はっきりしたことが言えなかっただけらしい。

証拠が多くなった今ではこう考えられている。まず、ジャヴェリナ累層には大きな湖とか海はなかったから、水面を飛んだというのはなしだ。くちばしの形からすると土に突っ込んで餌を探したようには見えないし、死体を食いちぎるのにも向いていない。足跡からすると重い体重で沼地の泥を歩けるようにも思えない。多分、陸上を歩き回って小さな動物を捕まえたのだろう。まっすぐで長いくちばしは陸上で餌をあさる鳥とよく似ているのだ。ケツァルコアトルスは竜脚形類アラモサウルスと一緒にすんでいた、アラモサウルスの生まれたばかりの子供を丸呑みにすることもあっただろう。

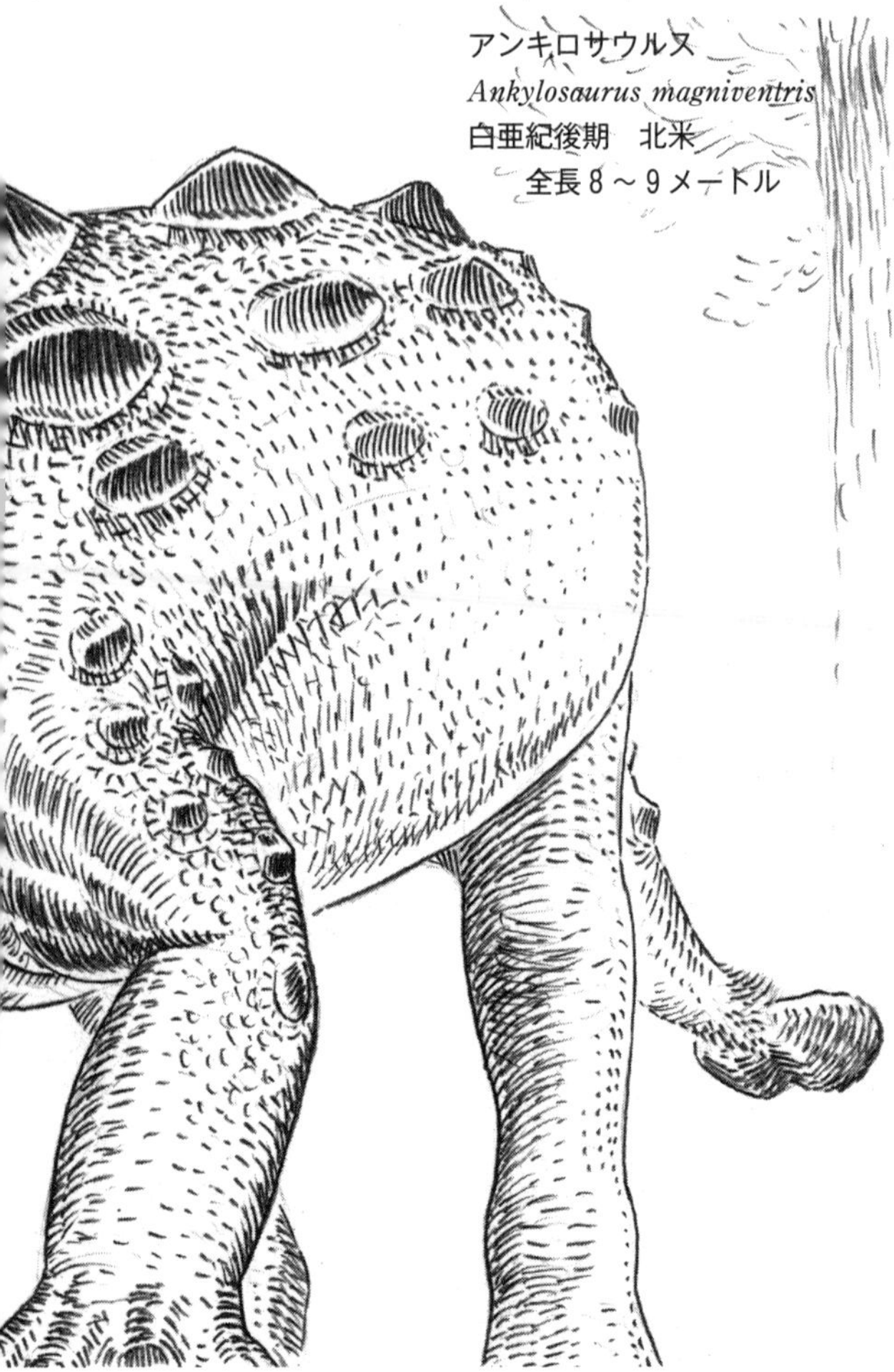

アンキロサウルス
Ankylosaurus magniventris
白亜紀後期　北米
全長８～９メートル

有名な割に化石が少なく
全体の姿や装甲板の配置には
分からない点が多い

体は極めて特殊化しており
恐竜どころか爬虫類であることを
疑いたくなるほど奇妙な
骨格になっている
アンキロサウルスの異常っぷりと
比べれば鳥の骨格は
典型的な爬虫類のそれである

アンキロサウルス　大きなヨロイ竜

アメリカ合衆国、草原が広がるモンタナ州と南北ダコタ州のヘルクリーク累層は白亜紀最後期にできたものだ。当時は川が流れる森に覆われた土地だった。川は平原を削り、土砂を堆積させる。時折死んだ恐竜が埋まって化石となった。堆積した年代はおよそ7000万年前から6500万年前。つまりこれから語るのは、恐竜時代最後の500万年の話である。

スクテロサウルスから始まった装甲恐竜の歴史は、ジュラ紀末のステゴサウルスでひとつの頂点を迎え、衰退した。しかし装甲恐竜にはステゴサウルス以外にもうひとつ系譜があった。それがヨロイ竜である。彼らが栄えたのは白亜紀であり、その巨大化の頂点がヘルクリーク累層から見つかったアンキロサウルスだった。全長は8～9メートル。私が子供の頃、図鑑にはアンキロサウルスの鎧に覆われた勇姿が載っていた。だが詳しい話が続かない。理由は単純。化石が少ないのである。見つかったのは頭と胴体、肩の骨、尻尾の骨と装甲板が少しであった。だから有名な割には姿がよく分からない。先ほどあげた大きさも推定だ。

古い復元だとアンキロサウルスは全身が装甲板に覆われ、体の側面にはトゲがずらりと並んでいたものだが、実際にはそうではないらしい。ここでは近縁種であるユーオプロケファルスを参考に復元図を描いている。これはアンキロよりほんの数百万年前にいた恐竜で、大雑把に言えばアンキロの祖先のようなものだ。たくさんの化石が見つかっているから姿形も比較的よく分かっている。これから書く内容も、ユーオプロケファルスを参考にしたものだ。

アンキロサウルスは鳥盤類であり植物を食べる。ここで注目されるのが歯の大きさである。アンキロサウルスの歯は巨体の割には小さく7ミリほどしかない。人間の大人の前歯よりやや小さい。これで植物を食べて9メートルの巨体を満足させよと言われたら、誰もがそれは無理だと思うだろう。さらにアンキロサウルスの顎は単純にハサミのように動いたと考えられた。つまり植物を小さな歯でぎこちなく切っていくわけだ。繊維質の植物は消化しにくいからよくかむべきなのだが、これでは話になるまい。古い本には、アンキロサウルスは軟らかい植物を食べていた、少しの植物しか食べられないからゆっくり動く。そう書かれていたものだ。

だが現実はどうやら違う。まずアンキロサウルスの歯にはすりへった痕がある。恐竜は一生歯が生え変わる。何年ごとに生え変わるのかは知らないが、その何年かの間に歯がすりへるほど使ったのだ。アンキロサウルスがばりばり植物を食べていたことがうかがえる。さらに顎の構造からすると、アンキロサウルスの咀嚼は結構複雑だった。植物をかむたびに下顎が前後に動き、下顎自体がやや旋回して植物をざくざく切り刻んだ。一見すると大丈夫とは思えないアンキロサウルスの小さな歯。しかし結構有効に働いたようである。

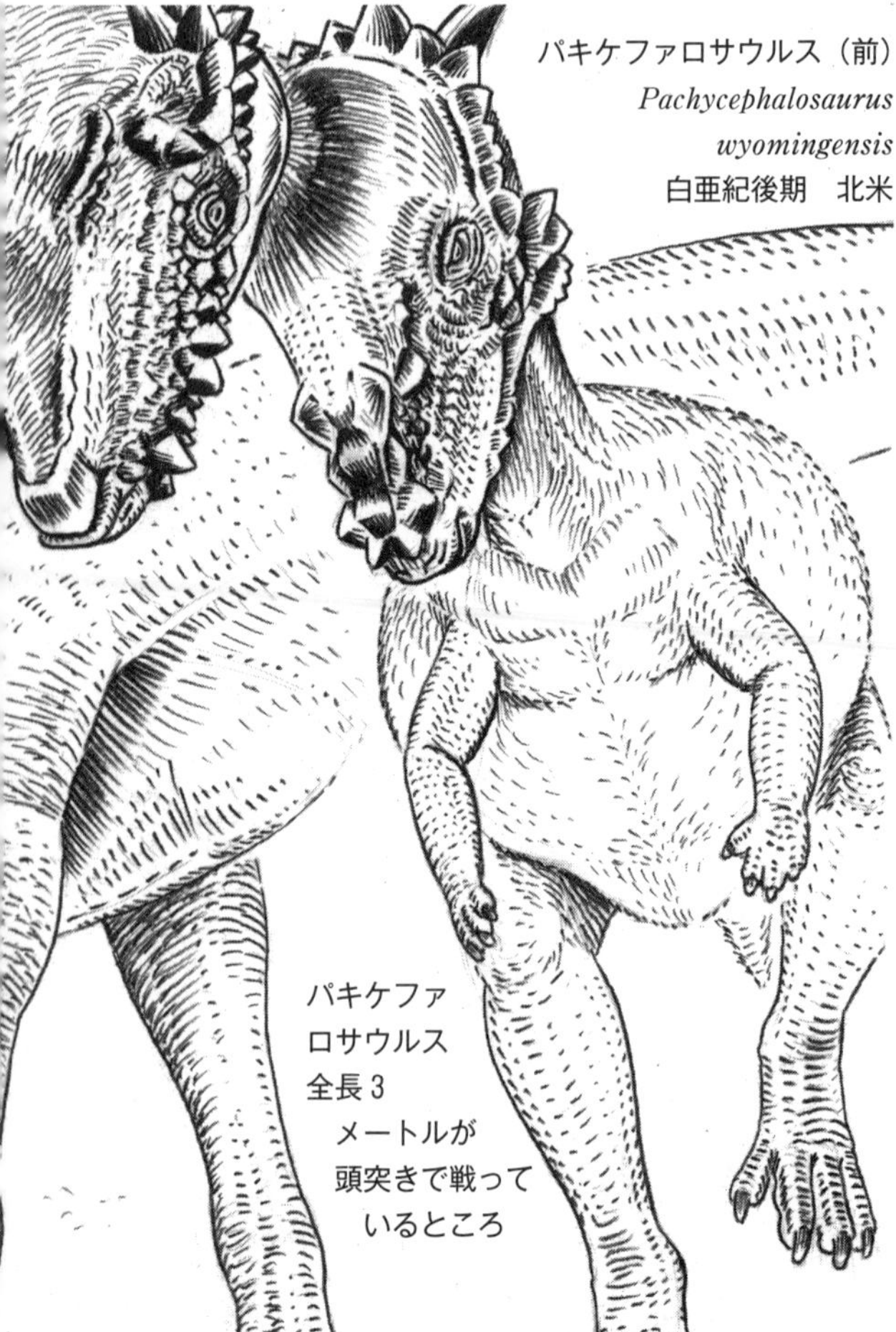

パキケファロサウルス（前）
Pachycephalosaurus wyomingensis
白亜紀後期　北米

パキケファロサウルス全長3メートルが頭突きで戦っているところ

エドモントサウルス
（奥）Edmontosaurus
annectens
白亜紀後期　北米
全長10メートル
エドモントサウルスは
体のかなりの部分がウロコで
覆われていたようである

エドモントサウルスとパキケファロサウルス　大食の進化戦略

ヘルクリーク累層で一番有名な恐竜はティラノサウルスとトリケラトプスである、彼らは後で登場してもらうとして、ここではエドモントサウルスとパキケファロサウルスを取り上げよう。まずエドモントサウルス。この恐竜は鳥盤類で、頭の長さは70センチ、全長は6〜7メートル。大きなものだと10メートルに達するものもいた。最大の特徴は歯である。

植物を食べる鳥盤類はイグアナと似ている。だが鳥盤類はイグアナよりもずっと活動的だ。活動的な分、たくさん食べねばならないし、そのためには大量の植物を処理しなければならない。硬くて繊維質の植物を大量に処理するには工夫が必要だ。エドモントサウルスは歯を発達させた。歯のひとつひとつは1センチ程度である。それがずらっと並んで隊列を組み、全体としてひとつの巨大な歯のように機能していた。これをデンタルバッテリーと言う。

デンタルは歯のことだ。バッテリーは一般的には充電器の意味で使うが、本来は大砲の砲列のことである。デンタルバッテリー、つまり隊列を組んだ歯。この隊列には次の歯も参加していた。恐竜の歯は哺乳類と違って死ぬまで生え変わる。今使っている歯の隊列の下には次の歯の隊列が並び、その下にはさらに次の歯の隊列が並んでいるのだ。植物は丈夫で、わずかだが砂もついている。これを大量にかみ砕いていると歯がすりへる。だからゾウは歯がすり減りきった時に餓死する。しかしエドモントサウルスにその限界はない。エドモントサウルスは思うままに食べて、活動的な行動を持続できただろう。

これと対照的なのがパキケファロサウルスである。頭の大きさは63センチ。全長は3メートルぐらい。こちらも鳥盤類だがイグアナのものと良く似た歯が並ぶだけだ。それでも歯の摩耗の痕からすると、単純に植物をかみ切るだけではなかったらしい。この点ではアンキロサウルスに似ている。またパキケファロサウルスは肋骨が妙に横長で、幅広いお腹を持っていた。大きなお腹には大きな腸が入っていただろう。パキケファロサウルスは植物を熱心にかむよりは、むしろ発達した腸で栄養を吸収する方を選んだのかもしれない。

パキケファロサウルス最大の特徴は頭が分厚くなり、ドーム状になっていることだ。これは仲間同士で頭突きをすることに使われた。私が子供の頃の恐竜図鑑でもそのように紹介されていたものである。ところが、今、日本で検索すると、パキケファロサウルスは頭突きをしなかった！　と書いているサイトが多くヒットする。反対に英語で検索するとそんなことはない。これはかつて日本のサイエンスライターが頭突きはできないと書き立てたせいらしい。実際には、恐竜研究者はおおむね昔も今も頭突き説なので、子供の時のまま頭突き説に親しんでもらいたい。頭突きによって怪我をしたパキケファロサウルスの化石も報告されている。

トリケラトプス
Triceratops horridus
白亜紀後期　北米
全長 8 メートル

ティラノサウルスに対峙する
トリケラトプス
こうなるとティラノサウルスの
狩りは失敗である

トリケラトプスたち角竜は
ボーンベッドの存在から群れを
作ったと解釈されることが多い
しかしこの根拠は弱いか
あるいは根拠自体が崩れたので
この本において群れで行動説は
採用しない

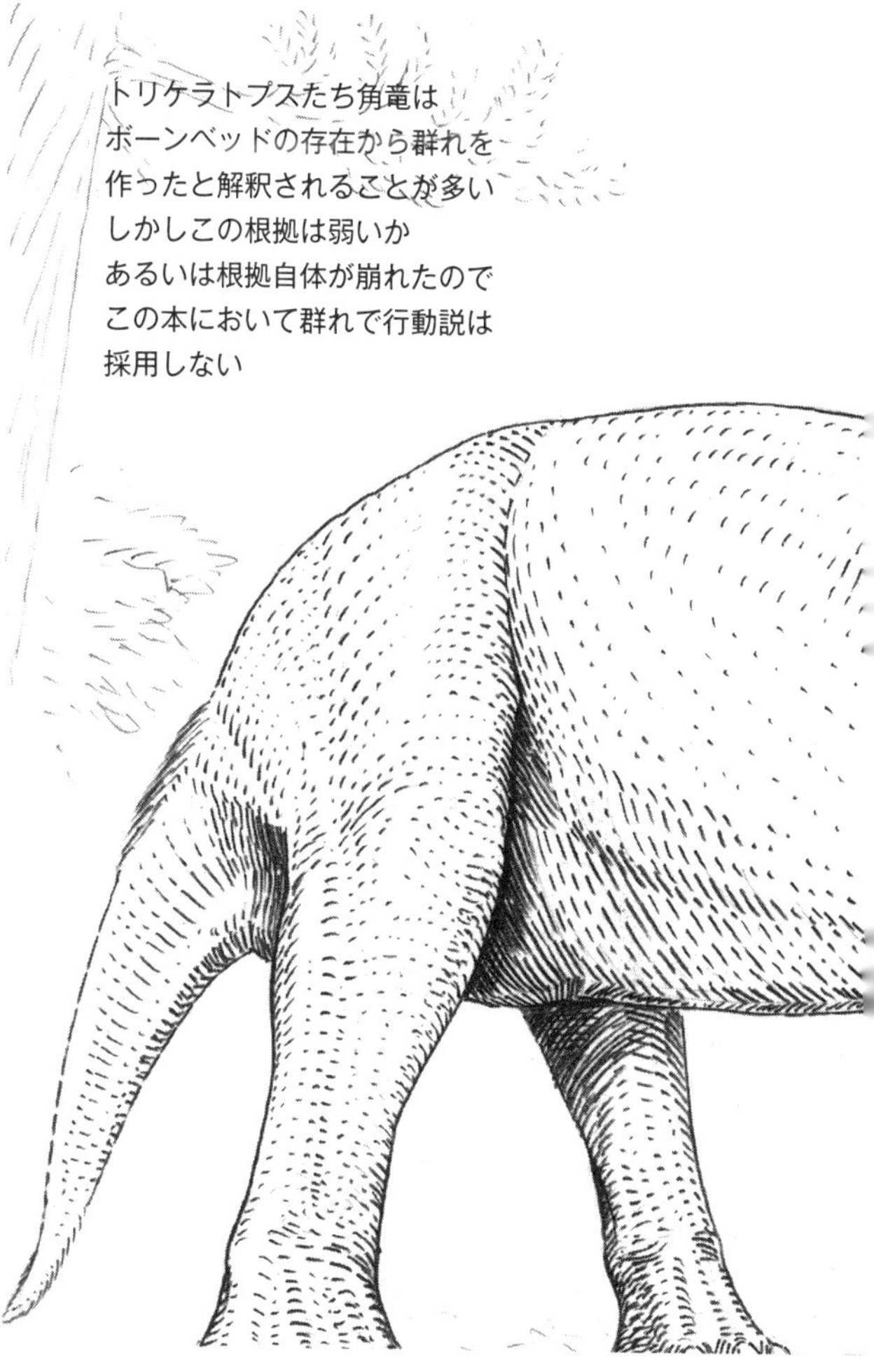

トリケラトプス　人気恐竜の謎の生態

北米大陸ヘルクリーク累層、最強の肉食種であるティラノサウルス。これを相手に互角の勝負を挑めたであろう巨大鳥盤類、それがトリケラトプスである。その頭には3本の長い角があり、後頭部の骨は大きくのびてフリルとなり、頭を飾り立てていた。まさに恐竜時代の最後を飾るにふさわしき姿だ。トリケラトプスは、ざっくり言えばプロトケラトプスの子孫である。しかし1000万年前のプロトケラトプスが全長1・8メートルであったのに対して、トリケラトプスは頭骨だけでその大きさがあった。あるいはそれ以上である。断片的な化石だが、復元すると頭が2メートルを越えるものがいたのだ。巨大な頭に対して全長はさほど大きくない。それでも全長は8メートルに達した。

トリケラトプスは歯を発達させた鳥盤類でもあった。彼らの歯は隊列を組み、デンタルバッテリーを形成していたのである。トリケラトプスは植物をばりばり食べて活発に行動したことだろう。だが生活についてはよく分かっていない。しばしばトリケラトプスは群れで行動した。あるいはティラノサウルスに対して円陣を組み、中心に子供を置いて守ったとも言われる。だがそんな証拠はない。これは現在のジャコウウシがオオカミに対して行う防御行動から連想したお話でしかない。

　ただし一応、トリケラトプスが群れで行動したという証拠はある。より正確に言えば、そういう主張をする根拠があることはある。それはボーンベッドの存在だ。ボーンベッドとは骨の層の意味。トリケラトプスの仲間はしばしば骨が大量に、しかも層になって見つかる。地層は水底に土砂が堆積することでできる。堆積する土砂はその日、その時によって違う。だから層として区別できるようになる。つまり地層の層は、同じ日、同じ時刻にできたものだ。その地層の中で、骨が層になっている。これは大量の遺骸が同時に沈んで埋まったことを意味する。しかも1種類の恐竜の遺骸が大量に。

　この謎は次のように説明すれば良い。恐竜の群れが川を渡ろうとして溺れた。あるいは群れが洪水に流されて溺れた。そして川の1か所に大量の遺骸が流れ着いて埋められる。こうすれば1種類の恐竜が、同時に同じ場所に大量に埋められたことが説明できる。残念ながらトリケラトプスのボーンベッドは知られていない。しかし類縁種ではいくつものボーンベッドが知られている。類縁種は群れで行動していたのだろう。類縁種がそうならトリケラトプスも群れで行動したはずだ。

　だが、まったく別の説明も可能だ。別々に死んだ恐竜の遺骸があちこちに埋まっている。ある日、洪水があって一度は埋まった遺骸が掘り起こされる。大量の遺骸が流されて運ばれ、1

か所にたまる。かつてダーウィンが指摘したように、こういうことは実際にありがちだ。もともとその地域で多かった恐竜なので、ボーンベッドは彼らの骨で埋め尽くされる。

群れが溺れたのか？　それとも別々の遺骸が掃き寄せられただけなのか？　群れが溺れた化石なら、それは家族だ。家族ならひとまわり年齢が違う。人間の家族も大人は30、子供は5歳という感じで年齢差が顕著に出る。当然、体の大きさも明瞭に分かれる。さらに溺れて急激に埋められたのだから、化石の骨は関節がつながっているだろう。哺乳類のボーンベッドでは確かにそういう事例がある。だが残念ながらトリケラトプスの仲間たちのボーンベッドはこれに該当しない。大きさから世代差を見ることはできず、骨は徹底的にばらばらだ。

もちろんそれでも群れが溺れたのだと主張することは可能である。群れが溺れて一度、遺骸がたまる。次に遺骸が分解し、ばらばらになった骨が再び流されて下流にたまる。実際、「群れが溺れた派」の主張はこういうものである。だが、それなら最初からばらばらの骨が掃き寄せられましたで良いだろう。

トリケラトプスが群れを作っていたという証拠はもうひとつある。それは雄と雌の違いがはっきりしない点だ。トリケラトプスはどれも角を持つ。つまり雄だけでなく雌も角を持つのだ。反対に、現在のシカは雄だけが角を持つ。ところが雄も雌も角を持つシカがいる。それはトナカイだ。トナカイは大きな群れを作る。雌も角を持つトナカイが群れを作るなら、雌が角を持つトリケラトプスも群れを作っていたのではないだろうか？

大きな群れを作る植物食動物は、雄も雌も角を持つ。これ自体はおおむね正しい主張だ。難点があるとしたら恐竜はそもそも雄と雌の差がはっきりしないことにある。トリケラトプスが雄、雌どっちも角を持つのは、恐竜本来の特徴を反映しただけなのかもしれない。ちなみにサイは雄雌共に角を持つが、群れではない。単独生活者である。

このようにトリケラトプスが群れを作ったという根拠はやはり弱い。だからこの本ではトリケラトプスは群れではなく、単独生活者として描いている。この方が無難で安全な復元だろう。

ただし、トリケラトプスがなぜ雄雌共に角を持つのかは興味深い謎だ。ちなみにトナカイの場合、雌の角は自分と子供を守るために使われる。実はサイもそうである。トリケラトプスが雄も雌も角を持つのは、ティラノサウルスのような恐ろしい敵がいたからかもしれない。つまり角は戦闘用だろう。だが飾りとしての側面もあったようだ。それにトリケラトプスのフリル。構造はプロトケラトプスのものと同じだが、ずっと大きく、そして薄い。防御の盾とか攻撃の武器とか、そういうものにはなりえない。どう見ても飾りだ。雄も雌も飾りを持つ。これは一夫一婦制の鳥などに見られる特徴でもあるのだが、トリケラトプスの性生活はよく分からない。

さて、角やフリルが飾りであるということは、人間にとってもやっかいな問題を引き起こした。もてるための器官。こういうものはファッションの流行り廃りと同様、進化の速度が非常

トリケラトプスと同時代にいたトロサウルス（*Torosaurus*）
トリケラトプスとの違いはフリルだけである

に速い。かなりの短期間でどんどん形が変わる。だからトリケラトプスとその類縁種はやたら種類が多い。というか、人間も彼らの飾りに注目してしまうのだ。ちょっと飾りが違う化石を見つけると、科学者はやたらめったら新種にしてしまう。おかげでぞろぞろ新種が報告されて、かなりのものが整理統合されて消え去った。それでも疑惑は残る。トリケラトプスとトロサウルスは同じものではないか？　という疑惑だ。

トロサウルスはトリケラトプスと同時代にいた類縁種だ。体はまったく同じ。違いはトロサウルスのフリルは長く、穴が開いている、それだけだ。しかも化石を調べるとフリルがくぼんだトリケラトプスや、穴が開きかけたトリケラトプスやフリルが短いトロサウルスが見つかる。二つの恐竜は同じものではないだろうか？　これは2010年の報告である。さらにその研究者たちはトリケラトプスがトロサウルスの子供だと考えた、ただし、これには違和感を持つ人が多かった。トリケラトプスの化石はたくさんあるが、トロサウルスの化石はごく少ない。親子の数がこれだけ違うとはおかしな話ではないか。後に別の研究者が大人のトリケラトプスと子供のトロサウルスを報告した。つまりトリケラトプスはトロサウルスの子供ではないのだ。だが疑惑は残る。トリケラトプスとトロサウルスは区別する必要があるのか？　どっちもトリケラトプスで良くないか？　この問題はこれからも議論になるだろう。

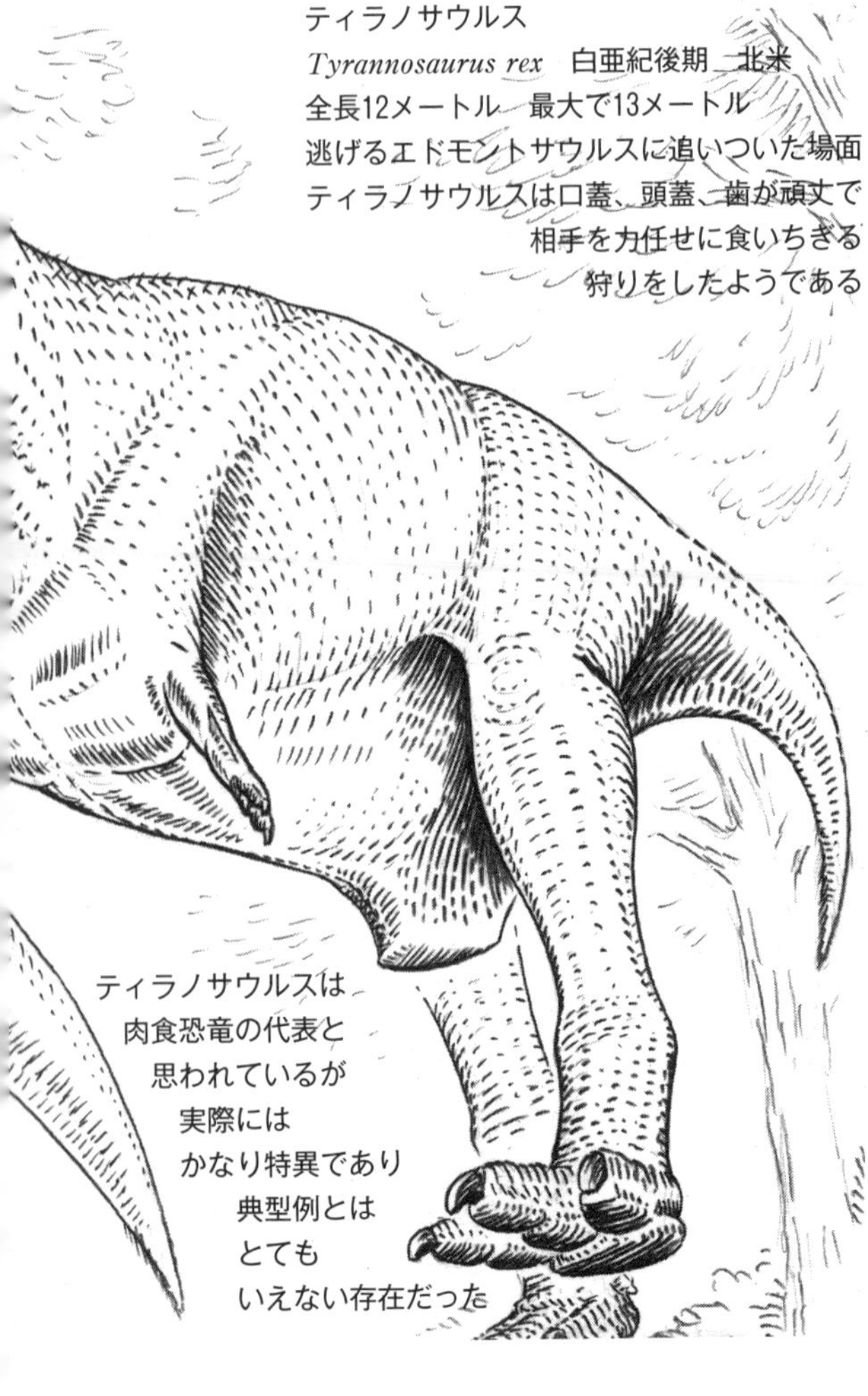

ティラノサウルス
Tyrannosaurus rex　白亜紀後期　北米
全長12メートル　最大で13メートル
逃げるエドモントサウルスに追いついた場面
ティラノサウルスは口蓋、頭蓋、歯が頑丈で
相手を力任せに食いちぎる
狩りをしたようである

ティラノサウルスは
肉食恐竜の代表と
思われているが
実際には
かなり特異であり
典型例とは
とても
いえない存在だった

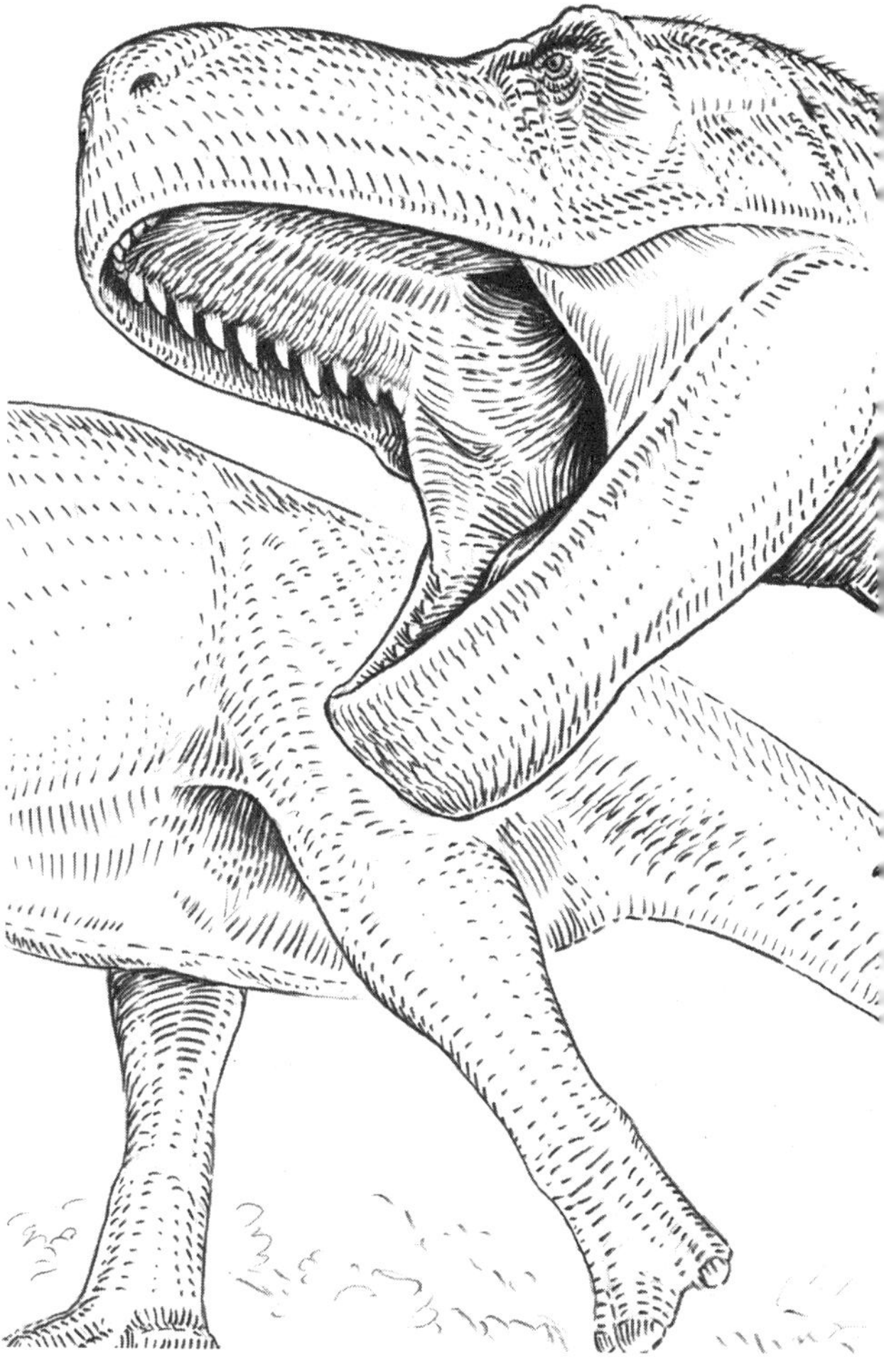

ティラノサウルス　恐竜の王者は怪我だらけ

ヘルクリーク累層、最大の捕食者、それがティラノサウルスだ。最大級のものだと頭骨の長さが1・5メートル。全長13メートルになった。体重はおそらく6トンに達しただろう。ティラノサウルスは熱心に研究された恐竜であり、かなりのことが分かっている。ティラノサウルスは獲物に対して格闘戦を挑んだ。頑強な顎で相手の体を力業で破壊するのである。成長は異常なほど速く、寿命は30年程度。産まれた時は1メートルぐらいだった。小さいうちは体が羽毛に覆われていただろうし、非常に素早く走れただろう。しかしある大きさになるともう走れなくなった。そして羽毛を二次的に失っただろう。だが問題ない。大きさも運動性能もさほど変わらない獲物、エドモントサウルスやトリケラトプスがいたのだから。

一方、この恐竜ほど怪しげな仮説にいろどられたものは他にいない。例えばティラノサウルスは群れで狩りをしたとも言われる。これは類縁種などで数個体の、それも年齢の違う化石が1か所から見つかったことが根拠だ。だが、同時に1か所から見つかれば群れの証拠になるかというと怪しげである。例えば自分が親子連れで洪水に押し流され、親子共々同一箇所に流れ着いて化石になれるかというと、それは極めて疑問だ。ティラノサウルスは単独で狩りをしたとするのが無難だろう。

ティラノサウルスは本来、非常に足の速い動物である。15メートル級のギガノトサウルスでさえ、足の長さは推論3メートル程度。これに対してティラノサウルスは4メートルに達する。また足の構造はオルニトミムスに似ていた。オルニトミムスはダチョウに似たいかにも素早そうな恐竜だ。良く似たティラノサウルスは高速疾走型の捕食者だったはずである。

だがこの本の最初でも述べたように、動物は巨大化するに従って機敏な動作ができなくなる。体重の増加に対して筋肉の増加が追いつかなくなるためだ。このため、体重1から2トンぐらいが走れる限界となる。ティラノサウルスだと多分7メートル程度であろうか？　後で話すことになるが、年齢で言うとおそらく15歳ぐらいである。それ以降はもう走れない。

もちろん先に述べたように狩りには困らないのだが、走れないと聞くと人は失望して言うのだ。ジュラシック・パークは嘘なんですね？　と。これが映画ジュラシック・パーク第1作目、ジープを追いかける場面のことであれば、あの動作を走るとは呼ばない。あれは歩いていると言うのだ。私たちが走る時、必ず両足がどちらも地面から離れる瞬間がある。それを念頭に置けば自明だろう。

あるいは、次のような疑念を抱く人もいる。走れないティラノサウルスはのろまで狩りができないのではないか？　だから死体ばかり食べていた、そう考えるのだ。この説は根強いが無理がある。例えば私たちが死体あさりだとしよう。アメリカにいるシカは年間死亡率が20％だそうだ。単純に考えると、300頭を見守っていれば1週間に1体以上の死体が手に入る。問題は密度だ。シカは一辺3キロメートルの正方形の区域に1頭しかいない。1頭のシカの生死を調べるためだけに最低でも3キロ歩いて、これを300頭相手に毎日続けることになる。餓死は確実だ。死体しか食べませんとか、わがままを言うからいかんのだ。狩りをすれば死なずにすむ。ティラノサウルスだって同じである。彼らがハンターであったことは明白だ。

一方、速く走れないと獲物に追いつけないはずだから、ティラノサウルスは走れたはずだと考える人もいる。これも間違いだ。肉食動物は相手を仕留める際、並走する。つまり速度は同じだ。だから忍び寄って飛び出せば良い。相手は気づいて逃げ出すだろう。相手は逃げる速度をじょじょに上げていく。同じ大きさの動物は運動性能がほぼ同じだから、最終的に相手の速度は自分と同じ程度になるだろう。それまでの間に口が届く距離までつめられるかどうか、そこが鍵だ。そしてこの追いかけっこの最終段階で、両者は並走していなければいけない。並走しているからこそ、攻撃を相手に加えられるのである。

ティラノサウルスの手は体に対して非常に小さい。彼らの攻撃力は頭部に集中しているのである。頭部の構造はアロサウルスとまったく違うものだった。アロサウルスの歯は薄くナイフのようである。これに対してティラノサウルスの歯は太く頑強で、大きさも太さもバナナを思わせる巨大なものだ。ティラノサウルスの歯は相手を叩き潰すことに特化していた。顎の構造もそうである。アロサウルスは頭部の頑強さに対して顎の筋肉がさほど発達していなかった。これに対して、ティラノサウルスの顎の筋肉は非常によく発達していた。かむ力で相手を十分に粉砕できたのだ。

ティラノサウルスは頭骨も頑強である。口蓋の発達が良いのだ。口蓋とは口の裏側のことだ。家にたとえれば口蓋は天井で、天井裏に当たるところが鼻腔である。天井がある家は丈夫だろう。反対に屋根だけの家はあまり頑丈ではない。普通、爬虫類の頭骨は屋根しかない。天井の発達が悪いのだ。もちろん、アロサウルスのように歯を垂直に叩き込む限り、この構造でも十分だが、横揺れには弱い。しかしティラノサウルスは口蓋が発達している。天井がある分、横揺れに強い構造だ。太くて強靭な歯、口蓋のある横揺れに強い頭骨、そして顎の強大な筋肉。これらの証拠からティラノサウルスはかみつくと、首を振り、力任せに相手を食いちぎったと考えられている。この本でティラノサウルスが格闘戦を挑んだとはこの意味で使うのである。

さらに一例だけだがエドモントサウルスで尻尾がかまれていた例が知られている。尻尾の上の部分がちょっぴりかじり取られているのだ。そしてこの部分の骨は治った痕があった。つまりかじられたが逃げおおせたエドモントサウルスだったのである。ヘルクリーク累層において恐竜の尻尾を上からかじりとる巨大捕食者などティラノサウルス以外に存在しない。これはテ

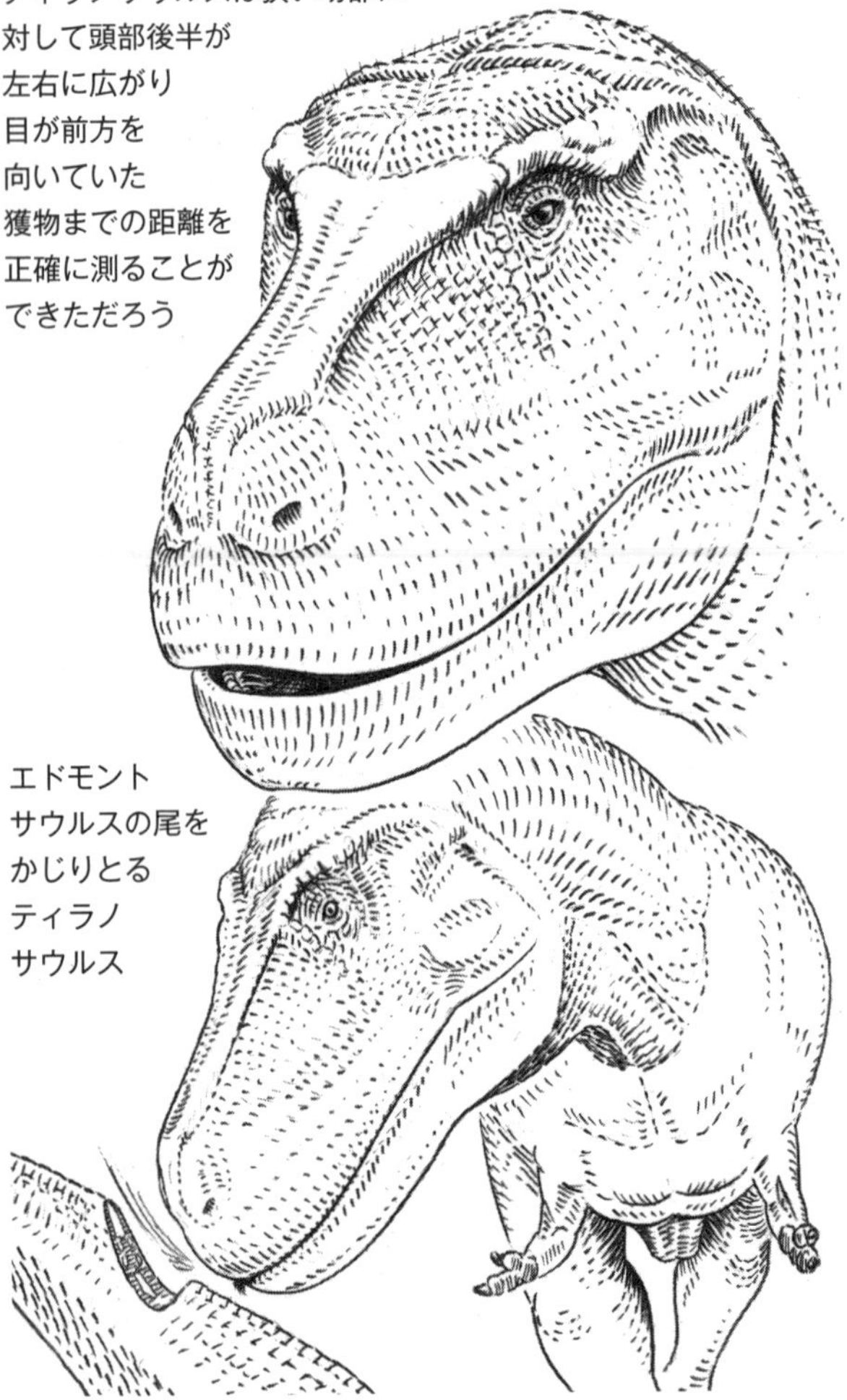
ティラノサウルスは狭い吻部に
対して頭部後半が
左右に広がり
目が前方を
向いていた
獲物までの距離を
正確に測ることが
できただろう
エドモント
サウルスの尾を
かじりとる
ティラノ
サウルス

ィラノサウルスの数少ない狩りの証拠であり、彼らが獲物をビスケットみたいに食いちぎる動物であったことを示している。

最後にティラノサウルスの成長の話をしよう。ティラノサウルスの骨には年輪のような痕が残っていた。これは1年の季節変化を反映したものだ。そして明らかにされたティラノサウルスの成長は驚くべきものだった。10歳まではさほどでもないが、そこから急成長する。一番激しいときは1日あたり体重が2キロ増えるような途方もない速度だ。15歳でだいたい2トンを越えるから、このあたりで走れなくなるはずだが、成長は止まらない。20歳で5トンサイズになって落ち着き、30歳で寿命を終えた。正直、めちゃくちゃな話だ。

そのせいだろう。彼らの体はやたらと怪我が多い。あっちの骨はひん曲がり、こっちの骨は骨折が治ってこぶになり、そっちは歪んでいる。巨大な動物は動作が慎重になる。私たちだって受け身なしで転倒したら大けがをする。ましてや最大級のティラノサウルスは頭が地上5メートルの位置にある。これで倒れたら、へたしたらそれで死んでしまうだろう。ティラノサウルスは十分慎重に行動したはずだ。それでも彼らの体は怪我だらけである。

巨体になろうがなんだろうが、お構いなしに危険な行動をおかして狩りをしていたことがうかがえる。彼らティラノサウルスは激しく生きて、そして燃え尽きた恐竜の王者だったのだ。

第５章

恐竜はなぜ滅んだのか

†地球を焼き尽くした巨大隕石のパワー

地球の歴史では5回、大きな絶滅があった。すなわちビッグファイブである。この本ではこれまで第三と第四のビッグファイブを述べた。そして6500万年前の白亜紀末に起こったのが第五のビッグファイブである。ビッグファイブの中でこれほど原因が特定、解明されたものは他にない。これは現在のメキシコ、ユカタン半島に巨大隕石が衝突したことが原因だ。

隕石の直径は推定10キロメートル。地球に衝突する天体の速度は秒速20キロメートルぐらいだから、その運動エネルギーは広島型原爆10億個分に相当する。この破壊力の前では、地球の地殻はまったくの無力だ。固体であるはずなのに圧力に抵抗できず、まるで液体であるかのように押し流される。そうして地殻に巨大な波紋が形成される。これがクレーターだ。その直径およそ200キロ。そして大量の岩石が高速で地球全体に飛び散っていく。

秒速20キロとは、地球の重力を振り切って宇宙にいける速度である。こんな速さで隕石がぶつかってきたのだ。その力で飛び散った破片も、当然、宇宙的な速度である。大気圏を抜け、弾道軌道を描いて地球の反対側まで落下していく。無数に降り注ぐ流星で大気は高温に熱せられた。隕石の運度エネルギーが流星として運搬され、最終的に熱エネルギーへと変換されるのだ。核兵器10億個分の熱エネルギー。地球は焼き尽くされた。

恐るべき大破壊だが、もしこれだけならまだどうにかなっただろう。だが衝突した場所が最悪だった。ここには炭酸塩岩や硫酸塩岩が大量に存在していたのだ。これらの岩石は破壊と高熱で分解し、二酸化炭素と硫酸を放出する。特に硫酸は恐ろしいものだ。それは性質上、蒸発するということがなく、非常に細かい水滴となって空中を浮遊する。いわゆる硫酸エアロゾルだ。あまりに小さいのでなかなか落下しない。つまり晴れることのない霧のようなものである。日光を遮り、地上の植物や海の植物プランクトンの光合成を低下させ、あるいは最悪、ストップさせてしまう。植物は生態系の要だ。ここが停止した時、生態系は一気に崩壊する。

もちろん対流圏内であれば硫酸エアロゾルは雨によって溶け、速やかに取り除かれたであろう。対流圏は地上10キロまでの大気の領域。ここでは雲が上昇気流でわき上がり、雨になって落下して循環する。実際、火山噴火も硫酸エアロゾルを作り出すが取り除かれる。その対流圏の上、成層圏まで硫酸エアロゾルが送り込まれたら影響は何年にも及ぶが、火山噴火ではなかなかそこまでいかない。火山噴火は基本的に熱による上昇気流で硫酸を運搬する。上昇気流はその性質上、対流圏内で完結してしまうから、火山が成層圏に硫酸エアロゾルを送り込むことは難しい。

だが隕石衝突は違う。これは大気圏に穴をあけてしまう。隕石衝突で大気に真空の穴が開き、その真空に向けて周囲の大気が硫酸もろとも吹き上がり、そして成層圏になだれ込む。これほど効率的な環境破壊は他にないであろう。もはや地球生物の運命は決した。本来、生物は環境変動に耐える力を持っている。気候変動が起きたとて、移動すれば良いし、あるいは進化すれば良い。実際、地球では氷河期のように数万年、あるいは数千年、さらには数百年程度のサイクルで気候変動が起こることがある。だがそんなことでは絶滅など起きない。移動するか進化するか、それだけだ。

だが、その対応ができないほどの速度で変化を引き起こされたらどうなるか？　移動も進化も不可能な速度で起こる巨大な負荷。これに生物は無力だ。2億年続いた爬虫類の帝国はここで終焉した。食物連鎖の崩壊は生態系全体に波及し、首長竜もモササウルス類も絶滅した。大空を飛んでいた翼竜も滅び去り、アンモナイトも多くの植物も滅び去った。恐竜は鳥だけが生き残った。しかし、他の種族はティラノサウルスもトリケラトプスもすべて絶滅した。そしてこの大破壊から生物が立ち直るまで、1000万年を要することになる。

†KT境界の奇妙な粘土層

隕石衝突による恐竜絶滅説。これは1970年代の研究に始まる。地質学者ウォルター・アルバレッツ博士が白亜紀と第三紀の境界線にある奇妙な地層に注目したのが始まりだ。第三紀とは恐竜絶滅の後、私たち哺乳類が新たに地上の覇者となった時代のことだ。白亜紀をK、第三紀をTと省略して、この二つの時代の境界線をKT境界と呼ぶ。あるいはKP境界と呼ぶ時もある。第三紀は前後に分割されて、白亜紀に続く時代が古第三紀となり、その頭文字がPであるからだ。

アルバレッツ博士が注目したKT境界の地層は深い海で堆積したものだが、非常に奇妙なものであった。上と下は石灰岩なのに、時代の境界線にあたる層だけが粘土なのである。粘土の厚みはせいぜい2〜3センチ。しかしそこだけが粘土とは、なにかおかしなことが起こったのだろう。例えば石灰が海底にたまらなくなった時代が何十万とか何百万年も続いたのかもしれない。石灰岩も5%ばかり粘土を含む。石灰がたまらなくなれば、残った粘土だけがたまるだろう。本来なら5%しかない粘土だけが3センチもたまる時間。もしそうなら、薄い見た目と違って、意外と長い時間が経過しているのかもしれない。

あるいは反対に、粘土が大量に運ばれる時期があったのかもしれない。だとしたらほんの一時だろう。例えば1万年とか。ではどちらであったのか、それを調べる方法はないものか？

アルバレッツ博士はイリジウムが時間を知る物差しになると考えた。

イリジウムは白金と似た性質を持つ金属だが、白金よりもはるかに希少だ。地球の地殻にはほぼ存在せず、存在するものは宇宙から来たものだ。宇宙にただようチリが地球に落ちてくる。そこにイリジウムが含まれているのである。地球に落下してくる宇宙のチリの量はほぼ一定だ。

だから地層に含まれるイリジウムの濃度を調べれば良い。例えば10万年かかって粘土が3センチ積もったのなら、そこに含まれるイリジウムは10万年分だ。だが1万年でできたのなら、同じ3センチでも1万年分のイリジウムしかないだろう。

こうして調べた結果は意外なものだった。わずか3センチの粘土層。これが含むイリジウムの量があまりに多いのだ。上下何メートルもある地層のすべて、それと同じだけのイリジウムがたった3センチの粘土層に含まれていたのである。地層の堆積がどうしたとかで説明できる量ではない。博士の目論みは失敗した。だがこの失敗はむしろ大きな研究テーマとなった。なぜこの粘土層はこれほど大量のイリジウムを含んでいるのか？　これを説明するにはかなり大きな天体が地球に衝突して、一気に大量にイリジウムを持ち込んだと考えるしかなかった。イリジウムの量から推論される天体の大きさは差し渡しが10キロ。もしこれが地球に衝突すれば環境を破壊し、当時の生物たちを絶滅に追い込めたはずだ。これが隕石衝突説の始まりである。アルバレッツ博士は父親である物理学者ルイ・アルバレッツ博士と共に隕石衝突説を論文として発表する。１９８０年のことだった。

†火山説vs.隕石衝突説

隕石衝突説は科学者の間に大きな反応を巻き起こし、即座に対案として火山説が提案される。

単純にいうと、隕石という珍しい事例で現象を説明して良いものだろうか？　という慎重論だ。それよりは火山という、いつでもどこでも起こっている平凡な現象で説明した方が良いだろう。こういう姿勢は非常に健全である。しかし健全であるから正しいというわけではない。

発見される証拠はすべてが隕石衝突説に有利であった。例えば衝撃石英。KT境界の地層からは、途方もない爆発にさらされて結晶構造にゆがみが生じた石英粒子が見つかるのである。こんなものは火山ではできない。できるにしてもKT境界から見つかるようなものではない。さらに火山説ではイリジウムの集積を説明できない。これはある意味当然で、イリジウムは鉄と合金を作りやすい元素だ。反対に岩石とは相性が悪い。だから溶けた岩石であるマグマがイリジウムを運んでこられるかというと、それは非常に怪しい。実際、火山が大量のイリジウムを放出する証拠は見つからなかった。一方、隕石衝突説の方は、クレーターも見つかった。直径は200キロあまり。時代もぴったりである。白亜紀末期に巨大天体が地球に衝突したことはもはや明白だった。

だがそれでも異論を唱える人はいた。化石を見ると、白亜紀の終わりに向けて生物がじょじょに滅びていくように見えるのだ。例えば恐竜で言うと、ヘルクリーク累層から見つかる恐竜はティラノサウルス、トリケラトプスなどわずかである。白亜紀の終わり、恐竜たちはすでに衰退していた。これは火山活動のせいであろう。隕石衝突はこれにとどめを刺したにすぎないのだ。こういう意見である。

これはもっともらしい話であると同時に、非常に胡散臭い話でもある。この本では、アロサウルスがいたジュラ紀のモリソン累層、そしてディノニクスがいた白亜紀前期のクローバリー累層を紹介した。さて、モリソン累層からは様々な恐竜がぞろぞろ見つかっている。一方、クローバリー累層からはディノニクス、テノントサウルス、サウロペルタ、後は他の化石が少々。はるかに少ない。

もし恐竜が白亜紀前期に滅びていたら、人は次のように言うであろう。モリソン累層から4000万年後、クローバリー累層の恐竜はすでに衰退していた。アロサウルスは滅び、竜脚形類も衰退し、残ったのは中型の肉食恐竜と鳥盤類だけであり、それも滅びを待つだけであったと。確かにこの説明は表面的には正しい。だが間違いであることは誰もが理解できる。だから次のような疑惑を持つであろう。我々が見ているものは実際の栄枯盛衰ではなくて、地層の性質ではないのか？　モリソン累層は恐竜化石をたくさん保存してくれたが、クローバリー累層はそれほどでもなかった。そういう地層の性質を見ているだけなのに、我々は勝手に繁栄と衰亡の証拠と思い込んでしまうのではないか？

もちろんこれはたとえ話だ。だが同じことがヘルクリーク累層にも言える。さらに言えば地層の性質だけではない、皆がどれだけ熱心に探したのかも影響を与える。結構有名なこんな話がある。この地層は白亜紀の終わりのものだが、アンモナイトは見つからない。つまりアンモナイトはじょじょに滅びて、白亜紀末にはもういなかったのだ。だが隕石衝突説が正しいのなら、白亜紀の最後、衝突のその時までアンモナイトはいただろう。もしそうならこの地層からもアンモナイトの化石が出るはず。試しに探してみよう。そうやって科学者があらためて掘ってみたら、アンモナイトが見つかった。

このように化石の発見は色々な要素に影響される。だから化石がだんだん少なくなっていくからじょじょに絶滅したはずだ、と簡単に言う訳にはいかないのだ。どれだけ熱心に調べたのか、その地層はどのぐらい化石を保存しているのか、そもそも化石が出る地層があるのか、こういう要素を全部組み込んで統計的に化石を解釈することが行われた。

こうして出てきた結論は、一見するとじょじょに滅びているように見えるアンモナイトや二枚貝は、実際には急激に、一斉に滅びていることが確実となった。恐竜は化石が見つかる地層が少ないのでアンモナイトや二枚貝ほど詳しくは言えない。だが恐竜絶滅の30万年前と言われるサンディーサイトという地層からは、断片的だが様々な恐竜の化石が見つかる。恐竜が最後まで栄えていたことは明らかだろう。彼らは最後の最後まで栄えていた。隕石が地球に衝突するその日までは。

ここまで分かったのが実は90年代である。今はそれから20年以上が過ぎた21世紀。科学者は隕石衝突による絶滅がどのような過程で起こったのかを研究中だ。こうして隕石衝突説はとっくの昔にゆるぎないものとなった。

では火山説はどうなったのか？　これは一度も有利になることなく一方的に敗北した。隕石衝突は恐竜絶滅の30万年前に起こったという主張が最後のあがきと言って良い。これはセンセーショナルに書き立てられたニュースだから、知っている読者もいるのではないだろうか？この説の鍵は有孔虫の化石である。有孔虫は小さな生物で、地層ごと、時代ごとに種類が違う。つまり地層の年代を知る物差しになるのだ。この研究から、隕石が落下したのはKT境界よりも30万年前の時代であることが分かった。絶滅よりも前に隕石衝突が起きたわけだから、隕石衝突は絶滅の原因ではない。こういう主張だ。

つまりこの主張は有孔虫の化石が正しいかどうか次第なのだが、単刀直入に言ってしまうとこれ、心霊写真なのである。主張している人はこれが有孔虫の化石だ！　と言っているのだが、どう見てもただの岩石だ。点が三つ集まっているから人の顔だと言っている心霊鑑定士と同じレベルの論文なのだ。嘘だと思うのなら読んでみるといい。私が思うに、30万年説を報道したり書き立てた記者やライターたちは、あの論文を読んでいないだろう。あれを見てそれでも賛成できる人間などそうはいまい。火山説は心霊写真に終わった、最初は立派な動機からスタートしたが、文字通りの異常科学として終焉したのである。

最後に恐竜のその後の話をしよう。第五のビッグファイブの後、生き残った鳥は地上の覇者に二度と戻れなかった。潜在的能力はあるのだ。何度か地上種が出現したし、大型肉食種も出現している。南米にいたフォルスラコス類は、哺乳類との生存競争に打ち勝って、肉食種の地位を奪い取ってさえいる。だがそこから先にいけない。鳥は歯を失っているからかもしれない。獲物を切り裂く最強の武器を失った今、哺乳類と競合するのは大変だろう。さらに巨大化もできなくなった。これは多分、飛行に関係した体型の変化が原因だ。

腕を翼とし、巨大な胸の筋肉を持つ鳥は、上半身が重く、重心が前よりだ。そこで太ももの骨を前に向けた。こうしてかかとをいわば第二の腰にして、胸に近い場所から下腿をのばして歩く。合理的な設計だが、鳥は絶えずひざを曲げたまま体重を支えることになった。結果的には腹這いの姿勢に戻ってしまったとも言える。

かつて恐竜は爬虫類の問題点であった腹這いの姿勢を改良して大型化に成功した。だが鳥は戻ってしまったのだ。これでは巨大化できまい。実際、鳥には1トン以上の大型種がいない。それでも鳥は恐竜としていつか地上の覇者に舞い戻る日が来るのであろうか？　飛行のために変えた肉体を再び作り替えて、巨大種になる日がやってくるのだろうか？

いずれにせよ鳥が覇王に戻るためには戦うべき相手がいる。それは人類だ。我々人類は間もなく地上の野生動物を抹殺してしまうであろう。この大破壊を乗り越えない限り、鳥に未来はない。人類が勝つか恐竜が勝つか。それはこの先の話である。

ちくま新書
1315

大人《おとな》の恐竜図鑑《きょうりゅうずかん》

二〇一八年三月一〇日　第一刷発行

著　者　北村雄一（きたむら・ゆういち）

発行者　山野浩一

発行所　株式会社　筑摩書房
東京都台東区蔵前二-五-三　郵便番号一一一-八七五五
振替〇〇一六〇-八-四一二三

装幀者　間村俊一

印刷・製本　三松堂印刷　株式会社

乱丁・落丁本の場合は、左記宛にご送付ください。
送料小社負担でお取り替えいたします。
ご注文・お問い合わせも左記へお願いいたします。
〒三三一-八五〇七　さいたま市北区櫛引町二-六〇四
筑摩書房サービスセンター　電話〇四八-六五一-〇〇五三

ISBN978-4-480-07121-7 C0245

ちくま新書

1297
脳の誕生
――発生・発達・進化の謎を解く
大隅典子
思考や運動を司る脳は、一個の細胞を出発点としてどのように出来上がったのか。30週、20年、10億年の各視点から、その小宇宙が形作られる壮大なメカニズムを追う！

1264
汗はすごい
――体温、ストレス、生体のバランス戦略
菅屋潤壹
もっとも身近な生理現象なのに誤解されている汗。大量の汗では痩身も解熱もしない。でも上手にかけばメリットも多い。温熱生理学の権威が解き明かす汗のすべて。

1263
奇妙で美しい　石の世界〈カラー新書〉
山田英春
瑪瑙を中心とした模様の美しい石のカラー写真とともに、石に魅了された人たちの数奇な人生や、歴史上の逸話、旅先の思い出など、国内外の様々な石の物語を語る。

1251
身近な自然の観察図鑑
盛口満
道ばたのタンポポ、公園のテントウムシ、台所の果物……身の回りの「自然」は発見の宝庫！　わかりやすい文章と精細なイラストで、散歩が楽しくなる一冊！

1243
日本人なら知っておきたい　四季の植物
湯浅浩史
日本には四季がある。それを彩る植物がある。日本人と花とのつき合いは深くて長い。伝統のなかで培われた日本人の豊かな感受性をみつめなおす。カラー写真満載。

1231
科学報道の真相
――ジャーナリズムとマスメディア共同体
瀬川至朗
なぜ科学ジャーナリズムで失敗が起こり、読者の不信感を引き起こすのか？　原発事故・STAP細胞・地球温暖化など歴史的事例から、問題発生の構造を徹底検証。

1222
イノベーションはなぜ途絶えたか
――科学立国日本の危機
山口栄一
かつては革新的な商品を生み続けていた日本の科学産業はなぜダメになったのか。シャープの危機や日本政府のベンチャー育成制度の失敗を検証。復活への方策を探る。

1217
図説 科学史入門
橋本毅彦
天体、地質から生物、粒子へ。新たな発見、分類、一般に認知されるまで様々な人間模様を経て、科学は発展したのである。それらを美しい図像に基づいて一望する。

1214
ひらかれる建築
――「民主化」の作法
松村秀一
建築が転換している！ 居住のための「箱」から生きるための「場」へ。「箱」は今、人と人をつなぐコミュニティとなる。あるべき建築の姿を描き出す。

1203
宇宙からみた生命史
小林憲正
生命誕生の謎を解き明かす鍵は「宇宙」にある。惑星探索や宇宙観測によって判明した新事実と、従来の化学進化的プロセスをあわせ論じて描く最先端の生命史。

1186
やりなおし高校化学
齋藤勝裕
興味はあるけど、化学は苦手。そんな人は注目！ 原子の構造、周期表、溶解度、酸化・還元など必須項目をやさしく総復習し、背景まで理解できる「再」入門書。

1181
日本建築入門
――近代と伝統
五十嵐太郎
「日本的デザイン」とは何か。五輪競技場・国会議事堂・皇居など国家プロジェクトにおいて繰り返されてきた問いを通し、ナショナリズムとモダニズムの相克を読む。

1157
身近な鳥の生活図鑑
三上修
愛らしいスズメ、情熱的な求愛をするハト、人間をも利用する賢いカラス……。町で見かける鳥たちの生活には、発見がたくさん。カラー口絵など図版を多数収録！

1156
中学生からの数学「超」入門
――起源をたどれば思考がわかる
永野裕之
算数だけで十分じゃない？ 数学嫌いから聞こえてくるそんな疑問に答えるために、中学レベルから「数学的な思考」に刺激を与える読み物と問題を合わせた一冊。

ちくま新書

1137 **たたかう植物** ――仁義なき生存戦略　稲垣栄洋

じっと動かない植物の世界。しかしそこにあるのは穏やかな癒しなどではない！　昆虫と病原菌と人間の仁義なきバトルに大接近！　多様な生存戦略に迫る。

1133 **理系社員のトリセツ**　中田亨

文系と理系の間にある深い溝。これを解消しなければ、両者が一緒に働く職場はうまくまわらない。理系の意外な特徴や人材活用法を解説した文系も納得できる一冊。

1112 **駅をデザインする**〈カラー新書〉　赤瀬達三

「出口は黄色、入口は緑」。シンプルかつ斬新なスタイルで日本の駅の案内を世界レベルに引き上げた第一人者が、豊富なカラー図版とともにデザイン思想の真髄を伝える。

1095 **日本の樹木**〈カラー新書〉　舘野正樹

暮らしの傍らでしずかに佇み、文化を支えてきた日本の樹木。生物学から生態学までをふまえ、ヒノキ、ブナ、ケヤキなど代表的な26種について楽しく学ぶ。

1018 **ヒトの心はどう進化したのか** ――狩猟採集生活が生んだもの　鈴木光太郎

ヒトはいかにしてヒトになったのか？　道具・言語の使用、文化・社会の形成のきっかけは狩猟採集時代にあった。人間の本質を知るための進化をめぐる冒険の書。

1003 京大人気講義　**生き抜くための地震学**　鎌田浩毅

大災害は待ってくれない。地震と火山噴火のメカニズムを学び、災害予測と減災のスキルを吸収すべき時は、まさに今だ。知的興奮に満ちた地球科学の教室が始まる！

986 **科学の限界**　池内了

原発事故、地震予知の失敗は科学の限界を露呈した。科学に何が可能で、何をすべきなのか。科学者の倫理を問い直し「人間を大切にする科学」への回帰を提唱する。

ちくま新書

1282
素晴らしき洞窟探検の世界
吉田勝次
狭い、暗い、死ぬほど危ない……それでも洞窟に入るのはなぜなのか？　話題の洞窟探検家が、未踏洞窟の探検や世界中の洞窟を語る。洞窟写真の美麗カラー口絵付。

1269
カリスマ解説員の 楽しい星空入門
永田美絵
八板康麿
矢吹浩
晴れた夜には、夜空を見上げよう！　星座の探し方から、神話や歴史、宇宙についての基礎的な科学知識まで。カリスマ解説員による紙上プラネタリウムの開演です！

1117
食品表示の罠
山中裕美
本来、安全を確保するための食品表示が、消費者にはわかりにくい。本書は、食品表示の裏側に隠された本当の意味を鋭く指摘。賢い消費者になるためのヒント満載！

1115
カラダが変わる！　姿勢の科学
石井直方
猫背、肩こり、腰痛、冷え性に悩む人必読！　人体の仕組み、姿勢と病気の関係などを科学的に解説し、効果的なトレーニングを多数紹介する。姿勢改善のバイブル。

1287-1
人類5000年史Ⅰ
――紀元前の世界
出口治明
人類五〇〇〇年の歩みを通読する、新シリーズの第一巻、ついに刊行！　文字の誕生から知の爆発の時代まで紀元前三〇〇〇年の歴史をダイナミックに見通す。

1198
天文学者たちの江戸時代
――暦・宇宙観の大転換
嘉数次人
日本独自の暦を初めて作った渋川春海を嚆矢とする「江戸の天文学者」たち。先行する海外の知と格闘し、暦・宇宙の研究に情熱を燃やした彼らの思索をたどる。

1126
骨が語る日本人の歴史
片山一道
縄文人は南方起源ではなく、じつは「弥生人顔」も存在しなかった。骨考古学の最新成果に基づき、歴史学の通説を科学的に検証。日本人の真実の姿を明らかにする。